乡村振兴人才培育系列教材

现代高效养猪技术

王富贵　薛彦宁　刘红益　主编

中国农业科学技术出版社

图书在版编目（CIP）数据

现代高效养猪技术／王富贵，薛彦宁，刘红益
主编．--北京：中国农业科学技术出版社，2024.4
ISBN 978-7-5116-6729-8

Ⅰ.①现… Ⅱ.①王…②薛…③刘… Ⅲ.①养猪学
Ⅳ.①S828

中国国家版本馆 CIP 数据核字（2024）第 057064 号

责任编辑	施睿佳　姚　欢
责任校对	王　彦
责任印制	姜义伟　王思文

出 版 者	中国农业科学技术出版社
	北京市中关村南大街 12 号　　邮编：100081
电 　话	（010）82106631（编辑室）　　（010）82106624（发行部）
	（010）82109709（读者服务部）
网 　址	https://castp.caas.cn
经 销 者	各地新华书店
印 刷 者	北京地大彩印有限公司
开 　本	140 mm×203 mm　1/32
印 　张	5.875
字 　数	200 千字
版 　次	2024 年 4 月第 1 版　2024 年 4 月第 1 次印刷
定 　价	26.80 元

　　养猪业是我国农业的重要组成部分，对于满足人们对肉类的需求，促进经济发展和乡村振兴具有重要意义。然而，传统的养猪方式已经无法满足现代农业生产的要求，因此需要不断引进和创新养猪技术，通过优化猪的品种、饲料配方、饲养环境和防疫措施等手段，实现养猪生产的优质、高产、高效和安全。

　　本书旨在介绍现代高效养猪技术的最新成果和实践经验，包括猪场场址选择与规划、现代猪舍建造、猪的品种与利用、猪的营养与饲料、猪高效管理技术、猪常见疾病的防治技术、猪病预防措施、新型发酵床养猪技术等内容。通过本书的介绍，读者可以了解现代高效养猪技术的最新进展和实践经验，为养猪生产提供参考和指导。

　　本书内容翔实、结构清晰、语言通俗，不仅可作为养猪场(户)培训教材，也可作为基层畜牧兽医技术人员及从事养猪生产与管理人员的参考书。

　　由于时间仓促，水平有限，书中难免存在不足之处，欢迎广大读者批评指正！

编　者

2024 年 1 月

目录

第一章　猪场场址选择与规划

第一节　猪场场址选择

猪场场址的选择必须在养猪之前做好周密计划，要考虑常年的主风向，考虑场地的地势、地形、土质、水源以及周围环境、交通、电力、饲料供应，远离其他养猪场、居民区、屠宰场和主要道路。

一、地势与地形

猪场应选在地势高、平坦、地物少、向阳，最好有缓坡以利于排出场内雨水与污水，但坡度不宜大于25°。土质坚实、透水透气性强、砂质土壤或雨后不积水、排水良好的土地最好，有利于避免雨后泥泞，有助于雨水迅速下渗以及维持猪的健康、卫生防疫等。地形要开阔整齐，通风良好，有足够面积，保持场区小气候状况相对稳定，减少冬季寒风的侵袭。猪场应充分利用自然的地形、地貌，如树林、河流等作为天然屏障。

二、供水

水源是猪场选址的先决条件，建猪场前先勘探或打井。一是水源要充足，包括人畜用水。因为猪场用水量是比较大的，据统计研究，猪场用水量按母猪计算，平均每天每头母猪达90升

（这个数字是针对定期清洗猪舍而言，包括了消毒、清洗猪舍、降温、人畜用水等。如果每日清洗猪舍，用量更大）。二是水质要符合饮用水标准，饮水质量以固体的含量为测定标准。每升水中固体含量在150毫克左右是理想的，低于5 000毫克对幼畜无害，超过7 000毫克可致腹泻，超过10 000毫克即不适用。

三、供电

现代规模化猪场需要采用成套的机电设备来进行饲料加工、供水供料、照明保温、通风换气、消毒冲洗等环节的操作，再加上生活用电，一个万头猪场的用电负荷为50~200千瓦，因此，猪场应有方便充足的电源条件，电力负荷等级为民用建筑供电等级三级，电力负荷高于猪场所有用电设备的最大值［实际应用时可按照电力负荷＝（猪场产床+保育床数量）×400瓦来计算］。装机容量可按每头母猪0.3~0.5千瓦计算。为应对临时停电，猪场应配备配套的发电机。

四、交通

猪场要求交通便利，特别是大型集约化的商品场，饲料、产品、粪污废弃物运输量很大，为了减少运输成本，在防疫条件允许的情况下，场址应保证拥有便利的交通条件。交通干线又往往是疫病传播的途径，因此猪场选址时既要考虑交通方便，又要使猪场与交通干线保持适当的距离。猪场要修建专用道路与主要公路相连，以保证饲料的就近供应、产品的就近销售及粪污和废弃物的就地利用和处理等，以降低生产成本和防止污染周围环境。如果利用防疫沟、隔离林或围墙将猪场与周围环境分隔开，则可适当缩短猪场与交通干线的距离以方便运输和对外联系。

五、排污与环保

猪场周围有农田、果园，并便于自流，就地农田消耗大部或全部粪水是最理想的。根据《中华人民共和国畜牧法》《中华人民共和国环境保护法》要求，建场时必须考虑排污处理和环境保护，防止臭气排放，特别是不能污染地下水和地上水源、河流。较大型猪场需建立沼气设施和其他粪尿处理设施，如有机肥场，事实上有时有机肥销售收入很可观，如果适销对路，创出品牌，其销售收入可达总收入的 30%~50%。

第二节　猪场场址规划

一、分区规划

现代养猪场在总体规划上至少应包括生活区、管理区、生产区、隔离区、环保区、出猪台。

（一）生活区

生活区主要配套办公室、职工宿舍、食堂、活动室等。生活区单独设立，邻近生产区，并设在生产区的上风口方向或与风向平行、地势较高的地方。

（二）管理区

管理区配套行政办公室、接待室、饲料加工间、饲料库、化验室、车库、发电机房、水泵房、锅炉房、消毒池、物品消毒间、更衣消毒洗澡间等。该区的位置应靠近大门，与生产区分开，并建有物理隔离，地势高于生产区，并在其上风口方向。外来人员只能在此区活动。饲料库应靠近进场道路处，并在场区外侧墙上设外门，供场外车辆卸料，有条件的猪场可在该区外墙设中转料塔。

（三）生产区

生产区包括各类猪舍和生产设施，该区处于整个猪场的中心地带，地势应低于生活区，并在其下风口方向；但要高于隔离区并在其上风口方向。配种舍、妊娠舍、分娩舍安排在生产区上风口方向，育成舍、育肥舍安排在离出猪台和粪污处理区近的下风口方向。

猪舍排列和布置按照生产工艺流程排布，一般按配种舍、妊娠舍、分娩舍、保育舍、生长舍和育肥舍依次排列。若采用两点式或三点式生产工艺，各点间距 1 000 米以上，理想距离 4 000～5 000 米。

生产区一般只设 1 个门，并设置人员消毒室和车辆消毒池，可根据情况设置值班室。

（四）隔离区

隔离区主要在引进后备猪隔离时使用，同时用于治疗、隔离病猪。处于生产区的下风口方向，应与生产区相距 300 米以上，如果有条件应该独立设置隔离区。

（五）环保区

环保区主要包括粪污处理、病死猪无害化处理以及垃圾处理等区域。该区应设在猪场的下风口方向、地势最低处，远离生产区，同时避开地下水和地表水。要有单独的围墙与生产区猪舍隔离开，且至少 100 米。焚烧炉和储粪场设在猪场的最下风处。处理粪污场所应靠近道路，有利于粪便的清理和运输。储粪场和污水池要进行防雨、防渗、防溢流处理。配备焚尸炉、化尸池或生物发酵池等病死猪无害化处理设施。有的市县有集中的病死猪处理场，就不需要配备无害化处理设施。

（六）出猪台

出猪台的设计要考虑实用性、科学性和防疫风险。应设在距离商品猪舍较近的位置，还要兼顾场外的运输道路，避开猪场大门及其他人员和车辆出入的通道。分区设计，单向流动；分为净区、灰区、脏区，猪只只能从净区到脏区单向流动，污水不能倒流回场内。外围的地面需要硬化，有排水沟，便于冲洗消毒。考虑到可能夜间出猪，需要增加内部和外部照明。出猪台可以安装升降机，便于调整高度以利于装车。

二、道路设置

生活区、环保区、隔离区与外界有联系，并有载重车通过，道路强度要求较高，路面宽5~7米；生产区的道路一般宽2~4米。猪场内道路分为净道和污道，二者不能交叉：净道用于员工进出、生猪转群、饲料运输等；污道用于运送粪便、垃圾、病死猪和废弃设备等。路面要结实，不能太光滑，排水良好，向一侧或两侧有1°~3°的坡度，道路设置不妨碍场内排水。在总体设计时，应以最短的线路安排场内道路。

第二章 现代猪舍建造

第一节 猪舍的布局安排

猪舍的总体布局的步骤：首先根据生产工艺流程确定各类猪栏数量，然后计算各类猪舍栋数，最后完成各类猪舍的布局安排。

一、生产工艺流程

自繁自养猪场生产过程包括配种、妊娠、分娩哺乳、保育、生长育肥5个生产环节，妊娠期114天，哺乳期20~28天，断奶至配种7~10天，保育42~50天，生长育肥15~16周（出栏110千克左右肥猪）。

（一）一点式生产工艺流程

即在一个生产区域内按空怀、配种、妊娠、分娩、哺乳、保育、生长、育肥等生产环节组成流水式生产线。

（二）两点式生产工艺流程

即在两个生产区域分别完成空怀、配种、妊娠、分娩、哺乳与保育、生长、育肥生产环节，两点间隔500~1 000米。

（三）三点式生产工艺流程

即在三个生产区域完成空怀和配种、妊娠分娩和哺育、保育和生长育肥生产环节，三点间隔500~1 000米。

二、猪舍的总体布局

(一) 各类猪栏所需数量的计算

生产管理工艺不同,各类猪栏所需数量就不同。首先确定10条工艺原则和指标。

(1) 母猪每年产 2~2.2 窝,每窝断奶育活 10 头仔猪。

(2) 母猪由断奶到再发情为 21 天。

(3) 母猪妊娠期 114 天,分娩前 4 天移往分娩哺乳栏,所以母猪妊娠期只有 110 天养在妊娠母猪栏。

(4) 母猪妊娠期最后 4 天在分娩哺乳栏。

(5) 仔猪 28 天断奶,即母猪 32 天以上在分娩哺乳栏。

(6) 保育期猪由 28 天养到 56 天,也需 28 天。

(7) 保育猪离开保育舍,体重假设为 15~20 千克。

(8) 肉猪出售体重假设为 95 千克。

(9) 每一批猪离开某一阶段猪栏到下一批猪进同一猪栏,中间相隔 5 天以供清洗消毒之用。

(10) 每一阶段猪栏都较计算数多 10%,即所得数乘以 1.1。

(二) 各类猪舍栋数

求得各类猪栏的数量后,再根据各类猪栏的规格及排粪沟、走道、饲养员值班室的规格,即可计算出各类猪舍的建筑尺寸和需要的栋数。

(三) 各类猪舍布局

根据生产工艺流程,将各类猪舍在生产区内做出平面布局安排。为管理方便,缩短转群距离,应以分娩舍为中心,保育舍靠近分娩舍,幼猪舍靠近保育舍,肥猪舍再挨着幼猪舍,妊娠(配种)舍应靠近分娩舍。猪舍之间的间距,没有规定标准,需考虑防火、走车、通风的需要,结合具体场地确定(10~20 米)。

（四）猪舍内部规划

猪舍内部规划需根据生产工艺流程决定。建设一个大型工厂化养猪场是很复杂的，猪舍内部布置和设备，牵涉的细节很多，需要多考察几家养猪场，取长补短，综合分析比较，有时需要请专门技术人员再做出详细规划设计，施工过程中也应得到技术人员的全程指导，因为我国猪舍设备没有统一规范要求，要根据不同生产厂提供的猪用设施数据进行设计、施工，否则可能造成猪舍建成后设备摆不开、不好用、不能用，达不到设计要求，发挥不出生产能力。

第二节　猪舍建造

一、猪舍的基本结构

一个猪舍的基本结构包括地基与基础、地面、墙壁、屋顶、门、窗等，其中地面、墙壁、屋顶、门、窗等又统称为猪舍的外围护结构。猪舍的小气候状况在很大程度上取决于猪舍基本结构尤其是外围护结构的性能。

（一）地基与基础

猪舍的坚固性、耐久性和安全性与地基和基础有很大的关系，因此要求地基与基础必须具备足够大的强度和稳定性，以防止猪舍因沉降过大或不均匀沉降而引起裂缝和倾斜，导致猪舍的整体结构受到影响。

1. 地基

支持整个建筑物的土层叫地基，可分为天然地基和人工地基。一般猪舍多直接建于天然地基上。天然地基的土层要求结实、土质一致、有足够的厚度、压缩性小、地下水位在 2 米以下，通常以一定厚度的砂壤土层或碎石土层较好。黏土、黄土、沙土，以及富含有机质和水分、膨胀性大的土层不宜用作地基。

2. 基础

基础是指猪舍墙壁埋入地下的部分。它直接承受猪舍的各种荷载并将荷载传给地基。墙壁和整个猪舍的坚固与稳定状况都取决于基础，因此基础应具备坚固、耐久、适当抗机械作用能力及防潮、抗震和抗冻能力。基础一般比墙宽 10～20 厘米，并呈梯形或阶梯形，以减少建筑物对地基的压力。基础埋深一般为 50～70 厘米，要求埋置在土层最大冻结深度之下，同时还要加强基础的防潮和防水能力。实践证明，加强基础的防潮和保温能力，对改善猪舍内小气候状况具有重要意义。

（二）地面

地面是猪活动、采食、休息和排粪尿的主要场所，对猪舍内小气候和卫生状况有影响。因此，要求地面坚实、致密、平整、不滑、不硬、有弹性、不透水、便于清扫消毒、导热性弱、保温性能好，同时地面坡度一般应保持 3°～4°，以利于保持地面干燥。比较理想的地面是水泥勾缝平砖式。其次为夯实的三合土地面，三合土要混合均匀、湿度适中、切实夯实。也可用水泥粗糙面地面，在水泥地面抹成快要凝固前，在表面划出些横道。有时可将地面抹成部分水泥或砖面、部分漏缝地板，也可以以发酵床形式养猪。

（三）墙壁

墙壁是基础以上露出地面的、将猪舍与外界隔开的外围护结构，是猪舍的主要结构，可分为内墙与外墙、承重墙与隔断墙、纵墙与山墙等。猪舍墙壁要求坚固、耐久、抗震、耐水、防火、抗冻、结构简单、便于清扫消毒、保温隔热性能良好。墙壁的保温隔热能力取决于建材的特性、墙体厚度以及墙壁的防潮防水措施。

（四）屋顶

较理想的屋顶为水泥预制板平板式，并加 15～20 厘米厚的炉渣或蛭石等可以起到很好的隔温效果，使猪舍冬暖夏凉，且屋顶不会太受压。也可以用"人"字架砖瓦斜坡顶，简易猪舍还可以用塑料+草帘，但最好不要用石棉瓦顶，因为它保温性、隔热性太差，且容易被风雪损毁。目前，大型猪场屋顶大多采用新型彩钢板材料，用钢架结构支撑系统、瓦楞钢房顶板，并夹有玻璃纤维保温棉，或彩钢瓦并紧贴泡沫材料保温隔热层，有的在猪舍内部上方加吊或单用平铺泡沫隔热保温层，效果良好。屋顶每隔 3～5 米安 1 个节能灯，便于照明。

（五）门

猪舍的门是非承重的建筑配件，主要作用是分割房间，有时兼具通风和采光的作用。可分为内门和外门，舍内房间的门和附属建筑通向舍内的门称为内门，猪舍通向舍外的门称为外门。内门可根据需要设置，但外门一般在每栋猪舍山墙或纵墙两端各设一洞，若在纵墙上设外门，应设在向阳背风的一侧。门必须坚固、结实、易于出入、向外开。门的宽度一般为 1.0～1.5 米、高度 2.0～2.4 米。在寒冷地区，为加强门的保温性，防止冷空气直接侵袭猪舍，通常增设门斗，其深度不应小于 2.0 米，宽度比门应大 1.0～1.2 米。

（六）窗

窗户的主要作用是保证猪舍的自然采光和通风，同时还具有围护作用，一般开在封闭式猪舍的纵墙上，有的在屋顶上开天窗。窗户与猪舍的保温隔热、采光通风有着密切的关系。因此，窗户的面积、数量、形状、位置等应根据当地气候条件和不同生理阶段猪的需求进行合理设计，尤其是寒冷地区，必须兼顾采光、通风和保温。一般原则是在满足采光和夏季通风的基础上，尽量少设窗户。窗户的面积以有效采光面积对舍内地面面积之比即采光系数来计算，一般种猪舍为 1：（10~12），肥猪舍为 1：（12~15）。窗底距地面 1.1~1.3 米，窗顶距屋檐 0.2~0.5 米为宜。炎热地区南、北窗的面积之比应保持在（1~2）：1，寒冷地区则保持在（2~4）：1。

二、猪舍的建筑形式

猪舍建筑形式较多，可分为开放式猪舍、大棚式猪舍和封闭式猪舍。

（一）开放式猪舍

建筑简单，节省材料，通风采光好，舍内有害气体易排出。但由于猪舍不封闭，猪舍内的气温随着自然界变化而变化，不能人为控制，尤其北方冬季寒冷，这样影响了猪的繁殖与生长。另外，占用面积较大。

（二）大棚式猪舍

即用塑料扣成大棚式的猪舍。利用太阳辐射增高猪舍内温度，北方冬季养猪多采用这种形式。这是一种投资少、效果好的猪舍。根据建筑上塑料布层数，猪舍可分为单层塑料棚舍和双层塑料棚舍。根据猪舍排列，可分为单列塑料棚舍和双列塑料棚舍。另外，还有半地下塑料棚舍、种养结合塑料棚舍和日光型塑膜暖棚猪舍等。

1. 单层塑料棚舍和双层塑料棚舍

扣单层塑料布的猪舍为单层塑料棚舍，扣双层塑料布的猪舍为双层塑料棚舍。单层塑料棚舍比无棚舍的平均温度可提高 13.5 ℃，说明塑料棚舍比无棚舍显著提高猪舍温度。根据沈阳地区试验，在冬季，最冷天气舍温，不管在白天、黑夜始终保持在 8 ℃以上。由于舍温的提高，猪的增重也有很大提高。据试验，有棚舍比无棚舍日增重可增加 238 克，每增重 1 千克可节省饲料 0.55 千克。因此，塑料大棚养猪是在北方寒冷地区投资少、效果好的一种方法。双层塑料棚舍比单层塑料棚舍温度高，保温性能好。如黑龙江省试验，在冬季 11 月至翌年 3 月，双层塑料棚舍比单层塑料棚舍温度提高 3 ℃以上，肉猪的日增重可提高 50 克以上，每增重 1 千克节省饲料 0.3 千克。

2. 单列塑料棚舍和双列塑料棚舍

单列塑料棚舍指单列猪舍扣塑料布。双列塑料棚舍，由两列对面猪舍连在一起扣上塑料布。猪舍多为南北走向，能充分利用阳光，以提高舍内温度。

3. 半地下塑料棚舍

半地下塑料棚舍宜建在地势高燥、地下水位低或半山坡地方。一般地下部分为 80~100 厘米。这类猪舍内壁要砌成墙，防止猪拱可能造成的塌方。地面整平，修筑混凝土地面。这类猪舍冬季温度高于其他类型猪舍。缺点是有时排污需要动力。

4. 种养结合塑料棚舍

这种猪舍可以既养殖（养猪）又种植（种菜）。建筑方式同单列塑料棚舍。一般在一列舍内有一半养猪，一半种菜，中间设隔断墙。隔断墙留洞口不封闭，猪舍内污浊空气可流动到种菜室，种菜室新鲜空气可流动到猪舍。在菜要打药时要将洞口封闭严密，以防猪中毒。最好在猪床位置下面修建沼气池，利用猪粪尿生产沼气，供照明、煮饭、取暖等用。

5. 日光型塑膜暖棚猪舍

（1）日光型塑膜暖棚猪舍的规划与设计原则应遵守以下 5 点。

①养猪小区应远离居民区、交通要道和农贸市场，相距要在

500米以上。

②按生产方向（繁殖、自繁自养、育肥）、饲养密度及每头猪的占地面积确定猪舍结构和建筑面积，并根据饲养规模确定猪舍间数和栋数，合理布局。

③前后栋猪舍的间距应大于前栋猪舍高度的2倍，一般为6~10米。

④养猪小区及每栋猪舍的出入口均应修建消毒池。

⑤猪舍建造以采光强度大、保温性能好、能通风换气、坚固实用为原则。

（2）日光型塑膜暖棚猪舍的建造要点应遵守以下9点。

①适度规模养猪户宜采用单列式半拱型或单列式斜坡型日光塑膜暖棚猪舍。

②猪舍力求冬暖夏凉、光线充足、空气新鲜。因此，猪舍要坐北朝南，并合理设置北窗户、排气窗和进气窗。猪舍南侧和两侧避免有高大建筑物和树木等遮阴物体。

③饲槽位于过道端，以利给料和供水。饲槽上方是猪床与人行道之间的隔墙，宜采用铁栅栏或木栅栏，高度为0.8米。

④粪尿沟设在圈内，以防冬季冻结。粪尿沟的宽度以能放进平板锹为宜，沟底应有坡度，以利尿液、污水流向粪尿池。沟顶用漏缝盖板或铁箅子覆盖，防止粪块掉进沟内。

⑤猪舍地面由饲槽端向粪尿沟端保持一定的坡度，以利尿液和污水流向粪尿池。

⑥粪尿沟经地下管道通向舍外的粪尿池。粪尿池边缘应高于地面，防止雨水流入。

⑦猪舍房顶材料可用秸秆或柳条，上覆5厘米厚的干草，然后上土抹泥加瓦。

⑧猪舍的棚膜部分要适当安放棚架，架杆方向与山墙平行，

间距 0.8~1 米。冬季扣膜时，膜上放压绳。棚膜覆盖要围过前墙，末端固定在前墙外侧 0.3 米处的地面上。

⑨冬季夜间棚膜上要加盖草帘；夏季撤膜后，应搭设遮阳棚和防蚊蝇纱罩。

（三）封闭式猪舍

通常有单列封闭式、双列封闭式和多列封闭式。单列封闭式猪舍猪栏排成一列，靠北墙可设或不设走道，构造简单，采光、通风、防潮效果好，适用于冬季不是很冷的地区。双列封闭式猪舍猪栏排成两列，中间设走道，管理方便，利用率高，保温较好，采光、防潮不如单列封闭式，适用于冬季寒冷地区，适宜养肥猪。多列封闭式猪舍猪栏排成 3 列或 4 列，中间设 2 条或 3 条走道，保温好、利用率高，但构造复杂、造价高、通风降温较困难。

第三节　现代猪场设备

猪场设备主要包括各种猪栏、漏缝地板、饲喂设备、饮水设备、清粪设备、环境调控设备、采精设备、运输设备、粪便分离机和其他设备等。随着现代化养猪业的迅速发展，我国已初步形成了多个系列的工厂化养猪配套设备。在选择设备时，应遵循经济实用、坚固耐用、方便管理、设计合理、符合卫生防疫要求等原则。

一、猪栏

猪栏是现代化猪场的基本生产单位，根据饲养猪的类群，猪栏可分为公猪栏、配种栏、母猪栏、分娩栏、仔猪保育栏、育成育肥猪栏等。

（一）公猪栏和配种栏

公猪栏主要用于饲养公猪，一般为单栏饲养，单列式或双列式布置。过去一般将公猪栏和配种栏合二为一，即用公猪栏代替配种栏。但由于配种时母猪不定位，操作不方便，而且配种时对其他公猪干扰大，现在通常单独设计配种栏。

（二）母猪栏

常用的母猪栏有3种形式。

（1）母猪的整个空怀期、妊娠期采用单栏限位饲养。其特点是每头猪的占地面积小，喂料、观察、管理都较方便，母猪不会因碰撞而导致流产。但母猪活动受限制，运动量较少，对母猪分娩有一定影响。

（2）母猪的整个空怀期、妊娠期采用群栏饲养，一般每栏3~5头。它克服了单栏饲养母猪活动量不足的缺点，但母猪容易发生争斗或碰撞而引起流产。

（3）母猪在空怀期和妊娠前期采用群栏饲养，在妊娠后期采用单栏限位饲养。

（三）分娩栏

分娩栏又称产仔栏。猪场中，对分娩栏的要求最高。

（四）仔猪保育栏

仔猪保育栏也是猪栏设备中要求较高的一种，多为高床全漏缝地面饲养，猪栏采用全金属栏架，配塑料或铸铁漏缝地板、自动饲槽和自动饮水器。

（五）育成育肥猪栏

实际生产中，为了节约投资，所用的育成育肥栏相对比较简易，常采用全金属圈栏、砖墙间隔和金属栏门。

二、漏缝地板

现代化养猪，从妊娠母猪、产仔母猪、断奶仔猪到育肥猪都采用全漏缝地板或半漏缝地板的铺置。漏缝地板具有便于干湿分离、节省劳力、提高清洁速度、节约用水、因减少粪便在地板上的停留时间而增强防疫等优点，也存在一些缺点，如增加了饲料浪费，提高了猪只肢蹄病和带仔母猪乳头病变等的发生率。漏缝地板材质有水泥混凝土地板，钢筋编织网、焊接网等金属编织网地板，工程塑料地板以及铸铁、陶瓷地板等。

（一）水泥混凝土漏缝地板

水泥混凝土漏缝地板在配种妊娠舍和育成育肥舍应用最为常见，可做成板状或条状。这种地板成本低、牢固耐用，但对制造工艺要求严格，水泥标号必须符合设计图纸要求。

（二）金属漏缝地板

金属漏缝地板可以用金属条排列焊接而成，也可用金属条编织成网状。由于缝隙占的比例较大，粪尿下落顺畅，缝隙不易堵塞，不会打滑，栏内清洁、干燥，在现代化养猪生产中普遍采用。

（三）塑料漏缝地板

塑料漏缝地板采用工程塑料模压而成，拆装方便，质量轻，耐腐蚀，牢固耐用，较水泥混凝土、金属和石板地面暖和，但容易打滑，体重大的猪行动不稳，适用于仔猪保育栏地面或分娩栏仔猪活动区地面。

（四）调温地板

调温地板是以换热器为骨架、用水泥基材料浇筑而成的便于移动和运输的平板，设有进水口和出水口，与供水管道连接。

三、饲喂设备

养猪生产中，饲料成本占50%~70%，喂料工作量占30%~50%，因此，饲喂设备对提高饲料利用率、减轻劳动强度、提高猪场经济效益有很大影响。在猪场生产管理中，多采用限量饲喂和自动饲喂。

（一）限量饲槽

人工喂料设备比较简单，主要包括加料车、饲槽。对于限量饲喂的公猪、母猪、分娩母猪一般都采用限量饲槽。目前猪场的限量饲槽一般都是采用金属或者水泥制作而成，每头猪饲喂时所需饲槽的长度大约等于猪肩宽。

（二）自动饲槽

自动饲槽不仅能保证饲料的清洁卫生，而且还可以减少饲料浪费，满足猪的自由采食。自动饲槽可以隔较长时间加一次料，大大减少了饲喂工作量，提高劳动生产率，同时也便于实现机械化、自动化饲喂。

自动饲槽可以用钢板制作，也可以用水泥预制板拼装。国外还有使用聚乙烯塑料制作的自动饲槽。自动饲槽有圆形、长方形等多种形状。长方形自动饲槽分双面和单面两种形式。双面自动饲槽供两个猪栏共用，单面自动饲槽供一个猪栏用，每面可同时供 4 头猪吃料。

四、饮水设备

现代化猪场不仅需要大量饮用水，而且各生产环节还需要大量的清洁用水，供水可分为自流式供水和压力供水。现代化猪场的供水一般都是压力供水，其供水系统主要包括供水管路、过滤器、减压阀、自动饮水器等。

猪用自动饮水器的种类很多，有鸭嘴式、乳头式、杯式等，应用最为普遍的是鸭嘴式猪只自动饮水器。

（一）鸭嘴式猪只饮水器

鸭嘴式猪只饮水器整体结构简单，耐腐蚀，工作可靠，不漏水，使用寿命长。猪饮水时，嘴含饮水器，咬住并压下阀杆，水从阀芯和密封圈的间隙流出至猪的口腔，当猪嘴松开后，靠回位弹簧张力，阀杆复位，出水间隙被封闭，水停止流出。鸭嘴式猪只饮水器密封性好，水流出时压力降低，流速较低，符合猪只饮水要求。

（二）乳头式猪只饮水器

乳头式猪只饮水器的最大特点是结构简单。猪饮水时，顶起顶杆，水从钢球、顶杆与壳体间隙流出至猪的口腔；猪松嘴后，靠水压及钢球、顶杆的重力，钢球、顶杆落下与壳体密接，水停止流出。这种饮水器对泥沙等杂质有较强的通过能力，但密封性差，并要减压使用，否则流水过急，不仅猪喝水困难，而且流水飞溅、浪费用水、弄湿猪栏。安装乳头式猪只饮水器时，一般应使其与地面成 45°～75° 倾角；仔猪使用时离地高度为 25～30 厘米，生长猪（3～6 月龄）为 50～60 厘米，成年猪为 75～85 厘米。

（三）杯式猪只饮水器

杯式猪只饮水器是一种以盛水容器（水杯）为主体的单体式自动饮水器，常见的有浮子式、弹簧阀门式和水压阀杆式等类型。杯体常用铸铁制造，也可以用工程塑料或钢板冲压成形（表面喷塑）。杯式猪只饮水器供水部分的结构与鸭嘴式大致相同。

浮子式饮水器多为双杯式，浮子和控制机构放在两水杯之间。当猪饮水时，推动浮子使阀芯偏斜，水即流入杯中供猪饮用；当猪嘴离开时，阀杆靠回位弹簧弹力复位，停止供水。

五、清粪设备

常用的清粪设备有链式刮板清粪机、往复式刮板清粪机等。

（一）链式刮板清粪机

链式刮板清粪机由刮板、驱动装置、导向轮和张紧装置等部分组成。此设备不适用于高床饲养的分娩舍和仔猪培育舍内。

链式刮板清粪机的主要缺陷是由于倾斜升运器通常在舍外，在北方冬天易冻结。因此，在北方地区冬天不可使用倾斜升运器，而应由人工将粪便装车运至集粪场。

（二）往复式刮板清粪机

往复式刮板清粪机由带刮粪板的滑架（两侧面和底面都装有滚轮的小滑车）、传动装置、张紧装置和钢丝绳等构成。

六、环境调控设备

猪舍环境控制主要是指猪舍采暖、降温、通风及空气质量的控制，需要通过配置相应的环境调控设备来满足各种环境要求。

（一）降温及通风设备

除通过合理的猪舍设计，利用遮阳、绿化等削弱太阳辐射，在一定程度上可减轻高温的危害外，还可采用自动化降温风机获得理想的降温效果。

（1）夏季采用机械通风在一定程度上能够起到降温的作用，但过高的气流速度，会因气流与猪体表面的摩擦而使猪感到不舒服。因此，猪舍夏季机械通风的风速不应超过 2 米/秒。

（2）猪舍通风一般要求风机有较大的通风量和较小的压力，宜采用轴流风机；冬季通风需在维持适中的舍内温度下进行，且要求气流稳定、均匀，不形成贼风，无死角。

（二）采暖设备

冬季南北气温不同，各地猪场规模大小不同，因此猪舍保暖增温的措施也不一样。猪场常用的采暖方式主要有热水采暖系统、热风采暖系统及局部采暖系统。主要采暖设备有以下几种。

（1）煤炉。普通燃煤取暖设施，使用的燃料是块煤，常使用于天气寒冷而且块煤供应充足的地区；优点是加热速度快，移动方便，可随时安装使用，应急性较好。

（2）蜂窝煤炉。使用燃料为蜂窝煤，供热速度和量较煤炉慢而差，但因无烟使用方便，在全国许多地区使用；优点是移动方便，可随时安装使用，应急时有时不必安装烟筒，比煤炉更方便。

（3）火墙。在猪舍靠墙处用砖等材料砌成的墙，因墙较厚，保温性能更好些。火墙在较寒冷地区多用。如果将添火口设在猪舍外，还可以防止煤烟或灰尘等造成不利影响。

（4）地炕。将猪舍下方设计成火道，火在下方燃烧时，地面保持一定的温度。

（5）地暖。类似地炕，但不同之处是在水泥地面中埋设循环水管，需要供暖时，将锅炉水加热，通过循环泵将热水打进水泥地面中的循环水管，使地面温度升高。

（6）水暖。同居民使用的水暖，但因猪一般都处于低位，水暖气片的热量是向上升的，取暖效果一般，而且投资大，占地面积也大，使用量正在减少。

（7）气暖。同水暖，供热速度更快，容易达到各种猪舍对温度的要求；不足之处是对锅炉工要求较高，不适用于小型猪场。

（8）塑料大棚。这是农户养猪使用最普遍的设施，投资少，使用方便。

（9）电空调。投资大、费用高，只能应急使用。

（10）热风机。又称畜禽空调，是将锅炉的热量通过风机吹到猪舍，舍内温度均匀，而且干净卫生，价格也较电空调便宜得多，许多大型猪场使用。

（11）红外线灯。是局部供暖的不错选择，多用于应急，特别适合在新转入猪群中使用，容易操作，很受饲养者欢迎。

（12）仔猪电热板。电热板可以根据需要定制。

（13）调温地板。调温地板是以换热器为骨架、用水泥基材料浇筑而成的便于移动和运输的平板，设有进水口和出水口与供水管道连接。

（三）清洁消毒设备

清洁消毒设备主要有水洗清洁、喷雾消毒和火焰消毒。当在疫情严重的情况下，可采用火焰消毒器。规模化猪场必备高压清洗机和喷雾器消毒设备。

七、采精设备

采精设备一般包括假母猪台、采精套、防滑垫、润滑液等。精液应该保存在恒温状态，须有恒温设备。授精设备主要有一次性输精管、多次性输精管、滤纸、消毒桶。

八、运输设备

（一）饲料手推车

饲料手推车专用于饲料运送，使用轻便，转弯灵活，表面经喷涂处理，美观耐用。

（二）仔猪运输车

仔猪运输车主要供断奶仔猪转移用，可减少仔猪应激，对仔猪转栏后的生长十分有利。

（三）场内运猪车

场内运猪车带液压升降，对猪只的转移十分方便。

（四）集粪车

集粪车装卸方便，使用灵活，可以减轻劳动强度。

九、粪便分离机

大型猪场一般都采用全漏缝或半漏缝地板。粪便的清洗靠自动或定期冲洗方法。使用粪便分离机可将粪便中未消化的饲料或粗纤维分离出来，可当肥料或饲料用，既增加收入，又减少集粪池的污染。

十、其他设备

猪场还有一些配套设备，如背膘测定仪、怀孕探测仪、活动电子秤、模型猪、耳号钳、电子识别耳牌、断尾钳以及用于猪舍消毒的火焰消毒器、兽医工具等。

第三章 猪的品种与利用

第一节 猪的品种

一、引进的国外猪品种

引入我国的国外猪品种较多，其中具有代表性的猪种有约克夏猪、长白猪、杜洛克猪、汉普夏猪等。

（一）约克夏猪

约克夏猪原产于英国北部的约克夏郡及其邻近地区。有大、中、小3个类型：大型属瘦肉型，又称大白猪；中型为兼用型；小型为脂肪型。

1. 品种特征

约克夏猪被毛白色（偶有黑斑），体格大，体形匀称，耳直立，背腰平直（有微弓），四肢较高，后躯丰满。

2. 生产性能

后备猪6月龄体重可达100千克。育肥猪屠宰率高、膘薄、胴体瘦肉率高。据四川省养猪研究所测定，育肥期日增重为682克，屠宰率为73%，三点平均膘厚为2.45厘米，眼肌面积为34.29厘米^2，胴体瘦肉率为63.67%。

3. 利用情况

我国引入的为大白猪，经过多年培育驯化，已有了较好的适应性。在杂交配套生产体系中主要用作母本，也可作父本。大白猪通常利用的杂交方式是杜（杜洛克）×长（长白）×大（大白）或杜×大×长，即用长白猪公（母）猪与大白猪母（公）猪交配生产，杂交一代母猪再用杜洛克公猪（终端父本）杂交生产商品猪。这是目前世界上比较好的配合。我国用大白猪作父本与本地猪进行二元杂交或三元杂交，所得的杂种猪杂交效果好，在我国绝大部分地区都能适应。

（二）长白猪

长白猪原产于丹麦，是世界上分布最广的著名的瘦肉型品种，原名兰德瑞斯（Landrace）猪。

1. 品种特征

长白猪全身被毛白色。头狭长，颜面直，耳大向前倾。背腰长，腹线平直而不松弛。体躯长，前躯窄、后躯宽，呈流线型，肋骨 16~17 对，大腿丰满，蹄质坚实。

2. 生产性能

在良好饲养条件下，公、母猪 155 天左右体重可达 100 千克。育肥期生长速度快，屠宰率高，胴体瘦肉多。据浙江省杭州市种猪试验场在 2000 年测定，丹系长白猪在 25~90 千克体重阶段平均日增重为 920 克，料肉比为 2.51：1。

3. 利用情况

我国于 1964 年首次引进长白猪，在引种初期，存在易发生皮肤病、四肢软弱、发情不明显、不易受胎等缺点，经多年驯化，这些缺点有所改善，适应性增强，性能接近国外测定水平。长白猪作为第一父本进行二元杂交或三元杂交，所得的杂种猪杂交效果显著。

（三）杜洛克猪

杜洛克猪产于美国东北部的新泽西州等地。杜洛克猪体格健壮，抗逆性强，饲养要求比其他瘦肉型猪低，生长快，饲料利用率高，胴体瘦肉率高，肉质良好。

1. 品种特征

杜洛克猪全身被毛呈金黄色或棕红色，色泽深浅不一。头小清秀，嘴短直。耳中等大，略向前倾，耳尖稍下垂。背腰平直或稍弓。体躯宽厚，全身肌肉丰满，后躯肌肉发达。四肢粗壮、结实，蹄呈黑色多直立。

2. 生产性能

杜洛克猪前期生长慢，后期生长快。据报道，杜洛克猪180日龄体重即可达100千克，饲料转化率2.8%以下，100千克体重时，活体背膘厚低于15毫米，眼肌面积大于30厘米^2，屠宰率高于70%，后腿比例32%，瘦肉率高于62%。

3. 利用情况

20世纪70年代后我国从英国引进瘦肉型杜洛克猪，之后又从加拿大、美国、匈牙利、丹麦等国家陆续引入该猪，现已遍及全国。引入的杜洛克猪能较好地适应本地的条件，且具有增重快、饲料报酬高，胴体品质好、眼肌面积大、瘦肉率高等优点，已成为中国商品猪的主要杂交亲本之一，尤其是作终端父本。但由于其繁殖能力不高、早期生产速度慢、母猪泌乳量不高等缺点，故有些地区在与其他猪种进行二元杂交时，作父本不是很受欢迎，而往往将其作为三元杂交中的终端父本。

（四）汉普夏猪

汉普夏猪原产于美国肯塔基州，主要特点是胴体瘦肉率高、肉质好、生长发育快、繁殖性能良好、适应性较强。

1. 品种特征

汉普夏猪被毛黑色，在肩颈接合处有一条白带。头中等大，嘴较长而直，耳直立、中等大小。体躯较长，背宽略呈弓形，体格强健，肌肉发达。

2. 生产性能

汉普夏猪在良好饲养条件下，6 月龄体重可达 90 千克。每千克增重耗料 3 千克左右。育肥猪 90 千克屠宰率为 72%~75%，眼肌面积大于 30 厘米^2，胴体瘦肉率高于 60%。

3. 利用情况

我国于 20 世纪 70 年代后开始成批引入，由于其具有背膘薄、胴体瘦肉率高的特点，以其为父本，地方猪或培育品种为母本，开展二元杂交或三元杂交，可获得较好的杂交效果。国外一般以汉普夏猪作为终端父本，以提高商品猪的胴体品质。

二、国内猪的地方品种、培育品种

我国猪的代表性品种可以分为地方品种和培育品种。

（一）地方品种

地方品种是指原产于我国、培育历史悠久的一些古老品种。其中分布较广或影响较大的猪种有金华猪、民猪、太湖猪、荣昌猪、香猪、宁乡猪、两广小花猪等。

1. 金华猪

金华猪主要分布于浙江省东阳市、浦江县、义乌市、金华市、永康市及武义县等地。

1）品种特征

金华猪的体形中等偏小。耳中等大小，下垂。额部有皱褶，颈短粗，背腰微凹，腹大微下垂。四肢细短，蹄呈玉色，蹄质结实。毛色为两端黑、体躯白的"两头乌"特征。乳头 8 对以上。

2）生产性能

公、母猪一般 5 月龄左右配种，每胎平均产仔数为 13~14 头，8~9 月龄肉猪体重为 65~75 千克，屠宰率为 72%，10 月龄瘦肉率为 43.46%。

3）利用情况

金华猪是一个优良的地方品种。其优点是性成熟早，繁殖率高，皮薄骨细，肉质优良，适宜腌制火腿；缺点是肉猪后期生长慢，饲料转化率较低。金华猪可作为杂交亲本，常见的组合有长金组合、苏金组合、大金组合、长大金组合、长苏金组合、苏大金组合及大长金组合等。

2. 民猪

民猪产于东北和华北的部分地区。吉林省、黑龙江省以及内蒙古自治区的部分地区饲养量较大。

1）品种特征

民猪颜面直长，头中等大小，耳大下垂。额部窄，有纵向的皱褶。体躯扁平，背腰狭窄，腿臀部位欠丰满。四肢粗壮，全身黑色被毛，毛密而长，鬃毛较多，冬季有绒毛丛生。乳头 7~8 对。

2）生产性能

每胎平均产仔数为 13.5 头，10 月龄体重为 136 千克，屠宰率为 72%，体重 90 千克屠宰时瘦肉率为 46%，成年公猪平均体重为 200 千克，成年母猪平均体重为 148 千克。

3）利用情况

民猪具有抗寒力强、体质强健、产仔数多、脂肪沉积能力强和肉质好的特点，适于放牧和较粗放的饲养管理，与其他品种猪进行二元和三元杂交，其杂种后代在繁殖和育肥等性能上均表现出显著的杂种优势。以民猪为基础培育成的哈尔滨白猪、新金猪、三江白猪和天津白猪均能保留民猪的优点。

3. 太湖猪

太湖猪主要分布于长江下游，江苏省、浙江省和上海市交界的太湖流域。按照体形外貌和性能上的差异，太湖猪可以划分成几个地方类群：二花脸、梅山猪、枫泾猪、嘉兴黑猪、横泾猪、米猪和沙乌头猪等。

1）品种特征

太湖猪的头大，额宽，额部皱褶多、深。耳大，软而下垂，耳尖和口裂齐甚至超过口裂。全身被毛为黑色或青灰色，毛稀疏，毛丛密但间距大。腹部的皮肤多为紫红色，也有鼻端白色或尾尖白色的，梅山猪的四肢末端为白色。乳头 8~9 对。

2）生产性能

繁殖率高，3 月龄即可达性成熟，每胎平均产仔数为 16 头，泌乳力强，哺育率高。生长速度较慢，6~9 月龄体重为 65~90 千克，屠宰率为 65%~70%，瘦肉率为 40%~45%。

3）利用情况

太湖猪繁殖力强、产仔数多，其分布广泛，品种内结构丰富，遗传基础多，肉质好，是一个不可多得的品种。太湖猪和长白猪、大白猪、苏白猪进行杂交，其杂种一代的日增重、胴体瘦肉率、饲料转化率、仔猪初生重均有较大的提高，在产仔数上略有下降。太湖猪内部各个种群之间进行交配也可以产生一定的杂种优势。

4. 荣昌猪

荣昌猪产于重庆市荣昌区和四川省隆昌市等地区。

1）品种特征

荣昌猪是我国少有的全白地方猪种（除眼圈为黑色或头部有大小不等的黑斑外）。面部微凹，耳中等稍下垂。体形较大，体躯较长，背较平，腹大而深。鬃毛洁白刚韧。乳头 6~7 对。

2）生产性能

每胎平均产仔数为 11.7 头，成年公猪平均体重为 158 千克，成年母猪平均体重为144.2千克。在较好的饲养条件下，不限量饲养育肥期日增重平均为623克；中等饲养条件下，育肥期日增重平均为488克。87千克体重屠宰时屠宰率为69%，胴体瘦肉率为42%~46%。

3）利用情况

荣昌猪具有适应性强、瘦肉率较高、杂交配合力好和鬃质优良等特点。用国外瘦肉型猪作父本与荣昌猪母猪杂交，杂种猪有一定的杂种优势，尤其是与长白猪的配合力较好。另外，以荣昌猪作父本，其杂交效果也比较明显。

5. 香猪

香猪主要产于贵州省从江县的宰更、加鸠两镇，三都水族自治县都江镇的巫不乡，广西壮族自治区环江毛南族自治县的东兴镇等，主要分布于黔、桂交界的榕江、荔波及融水等县。根据产地不同又分为藏香猪、环江香猪、丛江香猪、五指山猪、巴马香猪、剑白香猪、久仰香猪等。

1）品种特征

香猪体躯矮小。头较直，耳小而薄，略向两侧平伸或稍向下垂。背腰宽而微凹，腹大丰圆而触地，后躯较丰满，四肢细短，后肢多为卧系。皮薄肉细。全身被毛多为黑色，头、尾和四肢末端有白色而称"六白"，或两端黑、体躯白而称"两头乌"。乳头5~6对。

2）生产性能

性成熟早，一般3~4月龄性成熟。产仔数少，每胎平均产仔数为5~6头。成年母猪一般体重为40千克。香猪早熟易肥，宜于早期屠宰，屠宰率为65%，瘦肉率为47%。

3）利用情况

香猪的体形小，经济早熟，胴体瘦肉率较高，肉嫩味鲜，可以早期宰食，也可加工利用，尤其适宜被烹饪成烤乳猪。香猪还适宜于用作实验动物。

6. 宁乡猪

宁乡猪主要分布于与湖南省宁乡市毗邻的益阳市、安化县、涟源市、湘乡市、怀化市、邵阳市等地。

1）品种特征

宁乡猪体形中等。黑白花毛色，分为"乌云盖雪""大黑花""小散花"。头中等大，耳较小、下垂，背凹腰宽，腹大下垂，臀较斜，四肢较短、多卧系。皮薄毛稀，乳头7~8对。

2）生产性能

经产母猪每胎平均产仔数为10.12头。22~96千克体重育肥期平均日增重587克，每千克增重需消化能51.46兆焦耳。90千克体重育肥猪，屠宰率为74%，胴体瘦肉率为34.72%。

3）利用情况

宁乡猪具有早熟易肥、生长较快、肉味鲜美、性情温顺及耐粗饲等特点。与北方猪种、国外瘦肉型猪种杂交，杂种猪有一定的杂种优势。

7. 两广小花猪

两广小花猪原产于广西壮族自治区玉林市、合浦县、高州市、化州市、郁南县等地，是由陆川猪、福建猪、公馆猪和两广小耳花猪归并的，1982年起统称两广小花猪。

1）品种特征

两广小花猪体形较小，具有头短、颈短、耳短、身短、脚短、尾短的特点，故有"六短猪"之称。毛色为黑白花，除头、耳、背腰、臀为黑色外，其余均为白色。耳小向外平伸。背腰凹，腹大下垂。

2）生产性能

性成熟早，每胎平均产仔数为 12.48 头。成年公猪平均体重为 130.96 千克，成年母猪平均体重为 112.12 千克。75 千克体重屠宰时屠宰率为 67.59% ~ 70.14%，胴体瘦肉率为 37.2%。育肥期平均日增重 328 克。

3）利用情况

两广小花猪具有皮薄、肉质嫩美的优点。用国外瘦肉型猪作父本与两广小花母猪杂交，杂种猪在日增重和饲料转化率等方面有一定的杂种优势，尤其是与长白猪、大白猪的配合力较好。两广小花猪的缺点是生长速度较慢、饲料转化率较低、体形较小。

（二）培育品种

培育品种是新中国成立以来，利用我国的地方品种与国外引进良种杂交选育而成的新品种。其中具有代表性的猪种有北京黑猪、三江白猪、哈尔滨白猪等。

1. 北京黑猪

北京黑猪属于肉用型的配套母系品种猪，中心产区是北京市国营北郊农场和双桥农场，分布于北京市昌平、顺义、通州等京郊各地，并向河北、山西、河南等 25 个省份输出。现品种内有两个选择方向：为增加繁殖性能而设置的"多产系"和为提高瘦肉率而设置的"体长系"。

1）品种特征

北京黑猪头清秀，两耳向前上方直立或平伸。面部微凹，额部较宽。嘴筒直，粗细适中，中等长。颈肩接合良好。背腰平直、宽，四肢强健，腿臀丰满，腹部平。被毛黑色。乳头 7 对以上。

2）生产性能

成年公猪体重约 260 千克，每胎平均产仔数为 11 ~ 12 头。育肥猪 20 ~ 90 千克体重阶段，日增重 609 克，屠宰率为 72%，胴体瘦肉率为 51.5%。

3）利用情况

北京黑猪作为北京地区的当家品种，在猪的杂交繁育体系中具有广泛的优势，是一个较好的配套母系品种。北京黑猪与大白猪、长白猪或苏白猪进行杂交，可获得较好的杂交优势。一代杂种猪的日增重在 650 克以上，饲料转化率为 3.0%~3.2%，胴体瘦肉率达到 56%~58%。三元杂交的商品后代，其胴体瘦肉率达到 58% 以上。

2. 三江白猪

三江白猪主要产于黑龙江省东部合江地区的国营农牧场及其附近的市、县养猪场，是我国在特定条件下培育而成的国内第一个肉用型猪新品种。

1）品种特征

三江白猪头轻嘴直，两耳下垂或稍前倾。背腰平直，腿臀丰满。四肢粗壮，蹄质坚实，被毛全白，毛丛稍密。乳头 7 对。

2）生产性能

8 月龄公猪平均体重为 111.5 千克，8 月龄母猪平均体重为 107.5 千克。每胎平均产仔数为 12 头。育肥猪在 20~90 千克体重阶段，日增重 600 克；90 千克体重时，胴体瘦肉率为 59%。

3）利用情况

三江白猪与外来品种、国内培育品种以及地方品种都有很高的杂交配合力，是肉猪生产中常用的亲本品种之一。在日增重方面，尤其以三江白猪为父本，以大白猪、苏白猪为母本杂交组合的杂种优势明显。在饲料转化率方面，尤其以三江白猪与大白猪杂交组合的杂种优势明显。在胴体瘦肉率方面，尤其以杜洛克猪与三江白猪杂交组合的杂种优势明显。

3. 哈尔滨白猪

哈尔滨白猪产于黑龙江省南部和中部地区，以哈尔滨市及其周围各县饲养最多，并广泛分布于滨州、滨绥、滨北及牡佳等铁路沿线。

1）品种特征

哈尔滨白猪体形较大，被毛全白，头中等大小，两耳直立，面部微凹，背腰平直，腹稍大、不下垂，腿臀丰满，四肢粗壮，体质坚实，乳头7对以上。

2）生产性能

一般生产条件下，成年公猪平均体重为222千克，成年母猪平均体重为172千克。每胎平均产仔数为11~12头。育肥猪15~120千克阶段，平均日增重为587克，屠宰率为74%，瘦肉率为45.05%。

3）利用情况

哈尔滨白猪与民猪、三江白猪和东北花猪进行正反交，所得一代杂种猪在日增重和饲料转化率上均有较强的杂种优势。以一代杂种猪作为母本，与外来品种进行二、三元杂交也可取得很好的效果。

第二节　猪的选种

一、猪的选种原则

种猪的选择首先是品种的选择，主要是经济性状的选择。在品种选择时，还必须考虑父本和母本品种对经济性状的不同要求。父本品种选择着重于生长肥育性状和胴体性状，重点要求日增重快、瘦肉率高；而母本品种则着重要求繁殖力强、哺育性能好。当然，无论父本品种或母本品种都要求适合市场的需要，具有适应性强和容易饲养等优点。

不同品种的生产性能差异很大，因此猪场有必要选择适合市场需要的品种。选种的原则有以下 5 点。

（一）结合当地的自然、经济条件

如在我国华南地区则要求猪种耐热、耐湿，而在东北地区则要求猪种耐寒。又如经济条件好的地区如珠江三角洲往往饲料条件较好，可以饲养生长快、瘦肉多、肉质好的猪种，而在饲料条件较差的地区，则要求猪种耐粗饲性能好。

（二）考虑猪场的饲料、猪舍、设备等具体条件

饲料的来源、种类和价格与选择品种有密切关系。现代化养猪是在先进设备条件下，采用全进全出的流水式的生产工艺流程，要取得较高的经济效益，就要求猪种生长快、产仔多、肉质好。采用封闭式限位栏饲养的种猪，则对其四肢强健有更高的要求，而且要求体形大小一致。

（三）选择种猪时既要突出重点性状，又要兼顾全面

重点性状不能过多，一般为 2~3 项，以提高选择效果。如育肥性状重点选择日增重和膘厚，繁殖性状重点是活产仔数、断奶仔猪头数和断奶窝重，这些是既反映品种质量又容易测定的性状。

（四）种猪应健康无病

要特别注意种猪应健康无病、体质结实、符合品质要求；注意与生产性能有密切关系的特征和行为；适当注意毛色、头形等细节。

（五）根据市场的要求，出口与内销任务的不同

出口的猪要求瘦肉率高，瘦肉多的猪对饲料要求高。而内销的猪则要求肥瘦适中、容易饲养、生产成本低。在大城市，瘦肉

率高的猪售价也越来越高。

二、猪的选种方法

猪的主要选种方法可分为个体选择、系谱选择、同胞测验、后裔测验和合并选择等方法。不管哪种方法所取得的遗传进展，都取决于选择强度的大小（即猪群某性状平均数与该猪群内为育种目的而选择出来的优秀个体某性状平均数之差）、性状的遗传力（即群体某一性状表型值的变异量中有多少是由遗传原因造成的，遗传力高说明该性状由遗传所决定的比例较大，环境对该性状表现影响较小，反之亦然）、世代间隔（即双亲产生后代的平均年龄）3 个主要因素。下面具体介绍猪的几种主要选种方法。

（一）个体选择

根据种猪本身的一个或几个性状的表型值进行选择叫作个体选择，这是最普通的选择方法。应用这种方法对遗传力高的性状选择有良好效果，对遗传力低的性状选择效果较差。采用个体选择对于胴体品质和生长速度等高或中等遗传力性状是有效的，它比后裔测验更为经济实用。

为了充分发挥个体选择的作用，要注意以下几点。

（1）采用个体选择，要缩短世代间隔，加速世代的更迭。为此，育种场的成年母猪头数势必减少，青年母猪头数增多，由于成年母猪的生产性能高于青年母猪，这就造成育种猪的经济负担。所以，应当合理调控成年母猪和青年母猪头数。

（2）选择的主要性状为猪的日增重和 6 月龄背膘厚，为此，仔猪断乳时不要大量淘汰，应多留后备幼猪参加发育测定。

（3）为了使个体选择能在稳定的环境条件下进行，有条件的地区可建立公猪测定站，这样所获取的结果更加准确。

（二）系谱选择

系谱选择是根据父本、母本以及有亲缘关系的祖先的表型值进行选择。因此，这种选择方法必须持有祖先的系谱和性能记录。系谱选择的准确度取决于以下 4 个因素。

（1）被选个体与祖先的亲缘关系越远，祖先对被选个体的影响就越小。在没有近亲繁殖的情况下，被选择的个体与每一亲代的亲缘关系是 0.5，与每一祖代是 0.25，与每一曾祖代是 0.125。因此，亲缘关系越远，祖先对被选择的个体影响就越小。

（2）选择的准确度随性状遗传力的增加而增加，性状遗传力越高，祖先的记录价值就越大。

（3）在不同时间、不同环境条件下所得的祖先的性能记录，对判断被选个体的育种值作用不大。因为数量性状易受环境的影响，以及可能存在着基因与环境的互作影响。

（4）在一般生产的情况下不易获得祖先系谱和祖先性能的详细记录，或缺乏同期群体平均值的比较资料，这就大大地降低了系谱选择的作用。因此，今后应加强系谱的登记工作，并在系谱中记录祖先的性能成绩与同期群体平均生产成绩相比较的材料，这样的系谱对判断被选个体的育种值具有较大的价值。

（三）同胞测验

同胞测验就是根据全同胞或半同胞的某性状平均表型值进行选择。这种测验方法的特点就是能够在被选个体留作种用之前，即可根据其全同胞的育肥性状和胴体品质的测定材料作出判断，缩短了世代间隔，对于一些不能从公猪本身测得的性状，如产仔数、泌乳力等，可借助于全同胞或半同胞母猪的成绩作为选种的依据。

同胞测验是用 4 头供测验的同胞平均成绩作为全同胞鉴定的依据。而同父异母的 2 头半同胞的平均成绩可作为父系半同胞的鉴定依据。

同胞测验在猪选种上的应用比系谱选择要广泛得多。因为猪是多胎动物，可充分提供有关同胞的资料。

同胞测验同时又是对几个亲本的后裔测验。同胞测验与后裔测验的差别在于对测验结果的利用上不同。

（四）后裔测验

后裔测验是指在条件一致的环境下，对公猪和亲本的仔猪进行比较测验，按被测后裔的平均成绩来评价亲本的优势，也适用于母猪的鉴定。这种方法对低遗传力或中等遗传力性状选择的准确性较高，而且能获得限性性状或种猪不能直接度量的性状，如胴体瘦肉率就不能在种猪个体直接进行，需要通过后裔进行判断。

后裔测验时，应从被测公猪和3头以上与配母猪所生的后裔中每窝选出3头（1公、1母和1阉公猪），共9头后裔的生产性能成绩作为鉴定母猪的依据。由于此法测验准确性高，故被广泛应用。

（五）合并选择

合并选择是根据个体本身的资料结合同胞资料进行的选择，在对公猪进行本身测定的同时，对其他同父同母的2头同胞进行测验。用此法可对公猪的种用价值尽早地作出评价。

三、选种的时间和内容

猪的选种时间通常分为3个阶段，即断奶时的选种、6月龄时的选种和母猪初产后（14~16月龄）的选种。

（一）断奶时的选种

应根据父母和祖先的品质（即亲代的种用价值）、同窝仔猪的整齐度以及本身的生长发育（断奶重）和体形外貌进行鉴定。外貌要求无明显缺陷、失格和遗传疾病。失格主要指不符合育种要求的表现，如乳头数不够、排列不整齐，毛色和耳形不符合品种要求等。遗传疾病如疝气、乳头内翻、隐睾等。这些性状在断奶时就能检查出来，不必继续审查，即可按规定标准淘汰。由于在断奶时难以准确地选种，应力争多留仔猪，便于以后精选。

（二）6月龄时的选种

这是选种的重要阶段，因为此时是猪生长发育的转折点，许多品种此时可达到约90千克活重。通过本身的生长发育资料并参照同胞测定资料，基本上可以说明其生长发育和育肥性能的好坏。这个阶段选种强度应该最大，如日本实施系统选育时，这一阶段淘汰率达90%，而断奶时期初选仅淘汰20%。

6月龄时的选种重点选择为从断奶至6月龄的日增重或体重、背膘厚和体长，同时可结合体形外貌和性器官的发育情况，并参考同胞生长发育资料进行选种。选种时猪应符合以下5点。

（1）结构匀称，身体各部位发育良好。体躯长，四肢强健，体质结实。背腰接合良好，腿臀丰满。

（2）健康，无传染病（主要是慢性传染病和气喘病），有病者不予鉴定。

（3）性征表现明显，公猪要求性欲旺盛，睾丸发育匀称，母猪要求外阴和乳头发育良好。

（4）食欲好，采食速度快，食量大，更换饲料时适应较快。

（5）符合品种特征的要求。

（三）母猪初产后（14～16月龄）的选种

此时母猪已有繁殖成绩，因此，主要据此选留后备母猪。在断奶时的选种虽然考虑过亲代的繁殖成绩，但难以具体说明本身繁殖力的强弱，必须以本身的繁殖成绩为主要依据。当母猪已产生第一窝仔猪并达到断奶时，首先淘汰生产畸形、脐疝、隐睾、毛色和耳形等不符合育种要求仔猪的种猪，然后再按母猪繁殖成绩和选择指数高的留作种猪，其余的转入生产群或出售。

目前，我国种猪场的选择强度不大。一般要求公猪（3~5）∶1，母猪（2~3）∶1。因此，工作人员应根据现场情况和育种计划的要求，创造条件适当提高选种强度。

四、建立种猪档案

（1）建立种猪档案及种群系谱是做好选种选配工作的基础。

（2）认真做好种猪配种产仔、后备猪生长发育与饲料消耗、育肥猪增重与饲料消耗、屠宰测定、肉质测定、分子检测等记录。

（3）按全国统一规定进行种猪测定，做好纸质记录，保证原始数据准确真实。

（4）将种猪测定数据资料录入电脑，建立育种数据库。

第三节 猪场安全引种

一、引种前的准备工作

引种前要根据本猪场的实际情况制订出科学合理的引种计划，计划应包括引进种猪的品种、级别（原种、祖代、父母代）、数量等。同时，要积极做好引种的前期准备工作。

（一）人员

种猪到场以前，首先根据引种数量确定人员的配备，特别是要配备有一定经验的饲养和管理人员。人员提前1周到场，实行封闭管理，并进行培训。

（二）消毒

1. 新建场引种前的消毒

种猪在引进前一定要加强场内的消毒，消毒范围包括生产区、生活区及场外周边环境，生产区又分为猪舍、料库、展览厅等，都应按照清洗—福尔马林熏蒸—30%氢氧化钠溶液喷雾消毒的程序进行消毒，猪舍的每一个空间一定要彻底消毒，做到认真负责、不留死角。生活区与场外周边环境也要用3%~4%氢氧化钠溶液进行喷雾消毒。

2. 旧场改造后引种前的消毒

对于发生过疫病的猪场，在种猪引进之前一定要加强消毒与疫病检测。进入场区的通道全部用生石灰覆盖，猪栏也要用白灰刷一遍，粪沟内的粪便要清理干净，彻底用氢氧化钠溶液冲洗干净，旧场也要像新场一样消毒以后方可引种。

(三) 隔离舍

猪场应设隔离舍，要求距离生产区最好有300米以上，在种猪到场前的10天（至少7天），应对隔离舍及用具进行严格消毒，可选择质量好的消毒剂进行多次严格消毒。

(四) 物品与药品、饲料

因种猪在引进之后，猪场要进行封闭管理，禁止外界人员与物品进入场内，故种猪在引进之前场内要把一些物品、药品、饲料准备齐全，以免造成不必要的防疫漏洞。需要准备的物品有饲喂用具、粪污清理用具、医疗器械，需要准备的药品有常规药品（如青霉素、安痛定、痢菌净等）、抗应激药品（如地塞米松等）、驱虫药品（如伊维菌素、阿维菌素等）、疫苗类（如猪瘟、口蹄疫等）、消毒药品（如氢氧化钠溶液、消毒威及其他刺激性小的消毒液等）。同时饲料要准备充足，备料量要保证一周的饲喂量。所有物品包括饲料都要进行消毒。

(五) 相关凭证和手续

种猪起运前，要向输出地的县级以上动物防疫监督部门申报产地检疫合格证、非疫区证明、运载工具消毒证明等，凭《动物运输检疫证》《动物及其产品运载工具消毒证明》，以及购买种猪的发票、种畜生产许可证和种畜合格证进行种猪的运输。

二、种猪运输

种猪的运输方式一般有汽车运输、铁路运输和空运，其中，汽车运输一般为中、短途运输，是国内引种最常用的运输方式；铁路运输和空运为长途运输。

（一）车辆准备

运输种猪的车辆应尽量避免使用经常运输商品猪的车辆，且应备有帆布，以供车厢遮雨和在寒冷天气车厢保暖。运载种猪前，应对车辆进行 2 次以上的严格消毒，空置 1 天后再装猪。在装猪前再用刺激性较小的消毒剂（如双链季铵盐络合碘）对车辆进行 1 次彻底消毒。为提高车厢的舒适性，减少车厢对猪只的损伤，车厢内可以铺上垫料，如稻草、稻壳、锯末等。

（二）必要物品的准备

在种猪起运前，应随车准备一些必要的工具和药品，如绳子、铁丝、钳子、注射器、抗生素、镇痛退热药以及镇静剂等。若是长途运输，还可预先配制一些电解质溶液，以供运输途中种猪饮用。

（三）种猪装车

种猪装车前 2 小时，应停止投喂饲料。如果是在冬季或夏季运猪，应该正确掌握装车的时间，冬季装车宜在 11：00—14：00，并注意盖好篷布，防寒保温，以防感冒；夏季装车则宜在早、晚气候凉爽的时候。赶猪上车时，不能赶得太急，以防肢蹄损伤。为防止密度过大造成猪只拥挤、损伤，装猪的密度不宜过大，寒冷的冬季可适当大一些，炎热的夏季则可适当小一些。对于已达到性成熟的种猪，公、母猪不宜混装。装车完毕后，应关好车门。长途运输的种猪,可按 0.1 毫升/千克体重注射长效抗生素,以防运输途中感染细菌性疾病。对于特别兴奋的种猪,可以注射适量的镇静剂。

(四) 具体运输过程

为缩短种猪运输的时间,减少运输应激,长途运输时,每辆运猪车应配备 2 名驾驶员交替开车,行驶过程中应尽量保持车辆平稳,避免紧急刹车、急转弯。在运输途中要适时停歇查看猪群(一般每隔 3~4 小时查看 1 次),供给猪只清洁的饮水,并检查猪只有无发病情况,如出现异常情况(如呼吸急促、体温升高等),应及时采取有效措施。途中停车时,应避免靠近运载有其他相关动物的车辆,切不可与其他运猪的车辆停放在一起。

运输途中遇暴风雨时,应用篷布遮挡车厢(但要注意通风透气),防止暴风雨侵袭猪体。冬季运猪时,应注意防寒保暖。夏季运猪时,应注意防暑降温,防止猪只中暑,必要时在运输过程中可给车上的猪只喷水降温(一般淋水 3~6 次/天)。

在种猪运输过程中,一旦发现传染病或可疑传染病,应立即向就近的动物防疫监督机构报告,并采取紧急预防措施。途中发现的病猪、死猪不得随意抛弃或出售,应在指定地点卸下,连同被污染的设备、垫料和污物等,在动物防疫人员的监督下按规定进行处理。

三、引种入场后的管理

(一) 消毒

种猪到达目的地后,立即对卸猪台、车辆、猪体及卸车周围地面进行消毒,然后将种猪卸下,用刺激性小的消毒液对猪体及运输用具进行彻底消毒,用清水冲洗干净后进入隔离舍,如有损伤、脱肛等情况的种猪应立即隔开单栏饲养,并及时治疗处理。

偶蹄动物的肉及其制品一律不准带入生产区内。猪体、圈舍及生产用具等每周消毒 2 次，疫病流行季节要增加消毒次数，并加大消毒液的浓度；猪群采取全进全出制，批次化管理，每次转群后要本着一清、二洗、三消、四洗、五熏（清扫、冲洗、消毒、冲洗、福尔马林熏蒸）的原则进行消毒，空舍 1 周后才能转入饲养。消毒液可选用 3%氢氧化钠溶液、百毒杀、消毒威等。

（二）饮水

种猪到场后先稍休息，然后给猪提供饮水，在水中可加一些维生素或口服补液盐，休息 6~12 小时后方可供给少量饲料，第 2 天开始可逐渐增加饲喂量，5 天后才能恢复正常饲喂量。种猪到场后的前 2 周，由于疫病加上环境的变化，机体对疫病的抵抗力会降低，饲养管理上应注意尽量减少应激，可在饲料中添加多维电解质，使种猪尽快恢复正常状态。

（三）隔离、观察

种猪到场后必须在隔离舍隔离饲养 45 天以上，严格检疫。猪场要特别重视布鲁氏菌病、猪瘟、口蹄疫等疫病，可对种猪采血并送有关兽医检疫部门检测，确认没有细菌感染和病毒感染。

观察猪群状况：种猪经过长途运输往往会出现轻度腹泻、便秘、咳嗽、发热等症状，饲养员要勤观察，如发现以上症状不要紧张，这些一般属于正常的应激反应，可在饲料中加入药物预防，如支原净和金霉素，连喂 2 周，即可康复。

观察舍内温度、湿度：要对隔离舍勤通风，勤观察温度、湿度，保持舍内空气清新、温湿度适宜。隔离舍的温度要保持在 15~22 ℃，湿度要保持在 50%~70%。

（四）登记

种猪在引进后要按照引种猪场提供的系谱，逐头地核对耳号。核对清楚后，要对每一个个体进行登记，打上耳号牌，输入计算机。

（五）免疫与驱虫

免疫接种是防止疫病流行的最佳措施，但疫苗的保存及使用不当都有可能造成免疫失败，因此规模化猪场要严格按照疫苗的保存要求和使用方法进行保存、使用，确保疫苗的效价。免疫接种可根据猪群的健康状况、猪场周围疫病的流行情况进行。猪场要定期进行免疫抗体水平的监测工作，如发现抗体水平下降或呈阳性，应及时分析原因，加强免疫，保证猪群健康。种猪到场1周后，应该根据当地的疫病流行情况、本场内的疫苗接种情况和抽血检疫情况进行必要的免疫注射（如猪瘟疫苗、口蹄疫疫苗、伪狂犬病疫苗、细小病毒病疫苗等），免疫要有一定的间隔，以免造成免疫压力，使免疫失败。7月龄的后备猪在此期间可针对一些引起繁殖障碍的疾病进行防疫注射（如猪细小病毒病疫苗、乙型脑炎疫苗等）。

猪场为了防止寄生虫感染，一定要把驱虫工作纳入防疫程序的一部分，制订驱虫计划，每批猪群都要进行驱虫，防止寄生虫感染。猪在隔离期内，接种完各种疫苗后，应进行1次全面驱虫，可使用长效伊维菌素等广谱驱虫剂，皮下注射驱虫，使其能充分发挥生长潜能。

（六）合理分群

新引进母猪一般为群养，每栏4~6头，饲养密度适当。小群饲养有两种方式：一是小群合槽饲喂，这种方法的优点是操作方便，缺点是猪群不同个体采食不均匀，特别是后期限饲阶段容易造成争抢；二是单槽饲喂，这种方法的优点是采食均匀，生长发育整齐，但需要一定数量的设备。公猪要单栏饲喂。

（七）训练

猪生长到一定年龄后，要进行人畜亲和训练，使猪不惧怕人对它们的管理，为以后的采精、配种、接产打下良好的基础。管理人员要经常接触猪只，抚摸猪只敏感的部位，如耳根、腹侧、乳房等处，促使人畜亲和。

（八）淘汰

引进种猪于85千克以后，应测量活体膘厚，按月龄测定体长和体重，要求后备猪在不同阶段具有相应的体长和体重。对发育不良的猪，应分析原因，及时淘汰。

第四节　杂交猪的生产

一、杂交猪的概念

杂交猪是指不同品种或品系间杂交所生产的猪。杂交猪比亲本纯种猪具有繁殖力强、生长速度快、饲料利用率高、抗逆性强、容易饲养等特点。

二、杂交亲本的选择

杂交亲本是指猪进行杂交时选用的父本（公猪）和母本（母猪）。

（一）对父本猪种的要求

父本必须是高产瘦肉型良种公猪。如我国从国外引进的长白猪、约克夏猪、杜洛克猪、汉普夏猪、皮特兰猪、迪卡配套系猪等高产瘦肉型种公猪等都可作为父本，猪场常用杜洛克公猪作为终端父本，它们的共同特点是生长快、耗料少、体形大、瘦肉率高，是目前最受欢迎的父本。

注意第一父本的繁殖性能不能太差，凡是通过杂交选留的公猪，其遗传性能很不稳定，要坚决淘汰，绝对不能留作种用。

（二）对母本猪种的要求

对母本猪种的要求，特别要突出繁殖力强的性状特点，包括产仔数、产活仔数、仔猪初生重、仔猪成活率、仔猪断奶窝重、泌乳力和护仔性等性状都应良好。由于杂交母本猪种需要量大，故还需强调其对当地环境的适应性。母本如果选用引进品种，应选择产仔数多、母性强、泌乳力高、育成仔猪数多的品种，如大白猪、长白猪等，都是应用较多的配种。

由于我国地方品种母猪适应性强、母性强、繁殖率高、耐粗饲、抗病力强等，可以利用引进品种的良种公猪和地方母猪杂交后产生后代。这些后代一是生长快，饲料报酬高；二是繁殖力强，产仔多而均匀，初生仔猪体重大，成活率高；三是生活力强，耐粗饲，抗病力强，胴体品质好。选用我国地方品种时要选择分布广泛、适应性强的地方品种母猪，如太湖猪、哈尔滨白猪、内江猪、北京黑猪、里岔黑猪、烟台黑猪或者其他杂交母猪。

由此可知，亲本间的遗传差异是产生杂种优势的根本原因。不同经济类型（兼用型×瘦肉型）的猪杂交比同一经济类型的猪杂交效果好。因此，在选择和确定杂交组合时，应重视对亲本的选择。

三、常见的杂交方式

常见的杂交方式主要有二元杂交、三元杂交、四元杂交、级进杂交、轮回杂交等，商品猪生产中常用的是引进品种的二元杂交、三元杂交和四元杂交方式。

（一）猪的二元杂交

二元杂交又称简单经济杂交，是利用两个不同品种的公、母猪进行杂交的一种杂交方式，直接将杂种一代的杂种优势用于经济目的（后代用来育肥，作商品猪）。这就是目前养猪生产推广的"母猪本地化、公猪良种化、肥猪杂交一代化"，是应用最广泛、最简单的一种杂交方式。

它通常以两个品种的公、母猪杂交，形式为：A品种公猪与B品种母猪交配，产出的后代可用于经济目的，即用作商品育肥猪。

在这种杂交方式中，父本可选用引进品种中生长速度快、饲料报酬较好、胴体瘦肉率高的杜洛克猪，母本可选用繁殖性能好、适应性强的大白猪、长白猪，或用本地品种、本地培育品种作母本。在选用本地品种或本地培育品种作母本时，繁殖性能会比大白猪或长白猪作母本好，但杂种后代的生长速度、饲料利用率和胴体瘦肉率方面的表现，比选用后者作母本时差。猪的二元杂交有如下4种类型：本地猪种与地方良种、地方良种与引入品种、地方良种与国内新培育的品种、引入品种与引入品种。试验表明：二元杂交杂种猪的平均日增重优势率为6%，饲料利用率的优势率约3%。

（二）猪的三元杂交

三元杂交是先用两个品种杂交，产生在繁殖性能方面具有显著杂种优势的母本群体，再用第三个品种作父本与其杂交。这种杂交方式获得了最大的直接杂种优势和母本杂种优势。另外，三元杂交比二元杂交能更好地利用遗传互补性，比二元杂交的育肥效果更好。因此，三元杂交在商品肉猪生产中已被逐步采用。最常见的组合有杜×长×大或杜×大×长。

猪的三元杂交形式为：A品种的公猪与B品种的母猪杂交，在其后代中选择优良的母猪（AB）再与C品种的公猪杂交，所产的后代一律作商品育肥猪。例如，长白猪或大白猪的公猪与大白猪或长白猪的母猪杂交，选其后代长大或大长母猪再与杜洛克公猪杂交，所产的后代杜长大或杜大长三元猪即为商品育肥猪。

（三）猪的四元杂交

猪的四元杂交又称为双杂交，即在祖代先用4个品种分别进行两两杂交，产生父母代；再在父母代中选留父系和母系进行杂种间杂交，生产经济性状更好的商品猪。这种杂交方式，不仅能够保持杂种母猪的杂种优势，提供生产性能更高的杂种猪用来育肥，可以不从外地引进纯种母猪，以减少疫病传染的风险，而且由于猪场只养杂种母猪和少数不同品种良种公猪轮回相配，在管理和经济上都比二元杂交、三元杂交具有更多的优越性。这种杂交方式，无论养猪场还是养猪户都可采用，不用保留纯种母猪繁殖群，只要有计划地引入几个育肥性能好和胴体品质好，特别是瘦肉率高的良种公猪作父本实行杂交，其杂交效果和经济效益都十分显著。

猪的四元杂交形式为：A品种的公猪与B品种的母猪杂交，其后代公猪再与C品种公猪跟D品种母猪杂交所得后代母猪杂交，获得的商品育肥猪具有A、B、C、D 4个品种的优势。例如，可用汉普夏猪作父本、杜洛克猪作母本，生产杂种公猪；用大白猪和长白猪互作父母本，生产杂种母猪，或用大白猪或长白猪作父本，本地品种或本地培育品种作母本生产杂种母猪。应该注意的是，不同地区、不同市场条件要求的商品育肥猪的类型不同，而且同一品种不同类群的猪产生的杂交效果也不同。因此组织猪的杂交时，在品种的选用和作父母本的安排上，并不是一成不变的。不同的猪场，应根据本地区和特定市场的要求，开展不同猪品种间的杂交配合力测定工作，摸索出一种或几种最佳杂交组合形式。

第四章

猪的营养与饲料

第一节　猪的饲料来源

猪是杂食动物，采食的饲料种类多、范围广，常用饲料包括青绿饲料、粗饲料、能量饲料、蛋白质饲料、矿物质饲料、饲料添加剂。

一、青绿饲料

青绿饲料包括人工栽培和野生的各种根茎类、瓜果类、叶类、水生植物、绿色作物等植物，猪可采食的均属其范围。

1. 紫花苜蓿（杂花苜蓿）

紫花苜蓿为多年生植物，再生力较强，营养价值较高，被誉称为"牧草之王"。每年可刈割鲜草 2~4 次，多者可刈割 5~6 次，刈割时留茬高 3~5 厘米，准备再生，每亩产鲜草 2 000~5 000 千克，每亩产干草 500~1 000 千克，有浇灌条件，地膜覆盖增加茬次，产量则更高。利用年限一般 7~10 年。紫花苜蓿干物质中粗蛋白质含量 20%~25%，粗脂肪 1.5%~2%，无氮浸出物 15%，粗纤维 35%~37%，灰分 10%~12%，钙 2%，磷 0.27%，富含 B 族维生素、维生素 C、维生素 E 等多种维生素，以及皂苷、黄酮类、类胡萝卜素、酚醛酸等生物活性成分。紫花苜蓿制成干粉与精饲料配合应用，生长育肥猪可占日粮 5%~15%，母猪可占日粮 10%以上。

2. 籽粒苋

籽粒苋为苋科苋属一年生草本植物,株高 2 米以上。当株高 60~80 厘米时刈割,留茬高度为 20 厘米,每隔 20~30 天刈割 1 次,每年可刈割 4~5 次,年鲜草产量可达 8 000~15 000 千克/亩;有浇灌条件,覆盖地膜生产可增加茬次,产量则更高,如生产种子亩产 250~350 千克。鲜草中粗蛋白质含量可达 2%~4%,全株干品中含粗蛋白质 14.4%,茎叶和籽粒中粗蛋白质含量分别为 17.7%和 27.1%,粗脂肪 0.76%,粗纤维 18.7%,无氮浸出物 33.8%,粗灰分 20%。将籽粒苋制成干粉与精饲料配合使用,生长育肥猪可占日粮 10%~15%。

3. 奇可利(菊苣)牧草

奇可利为 20 世纪 80 年代引进牧草品种,其特点是再生性非常强。在北方地区第一年可刈割 4 茬次,亩产鲜草 10 000 千克左右;第二年刈割 5~6 茬次,亩产鲜草 12 000~15 000 千克,覆盖薄膜生产茬次多,产量则更高。奇可利干物质中粗蛋白质含量为 15%~30%,莲座期的干物质中粗蛋白质含量 23%,粗脂肪 5%,粗纤维 13%,粗灰粉 16%,无氮浸出物质 30%,钙 1.5%,磷 0.24%,各种氨基酸及微量元素也很丰富。植株 40 厘米高时,即可刈割,留存 2~3 厘米,可连续应用 10~15 年。可鲜喂、青贮或制成干粉。

4. 苣荬菜

苣荬菜为菊科植物,多年生草本,全株有乳汁。茎直立,高 30~80 厘米。地下根状茎匍匐,多数须根着生。苣荬菜又名败酱草(北方地区名),黑龙江地区又名小蓟,山东地区称作苦苣菜、曲麻菜、曲曲芽,主要分布于我国西北、华北、东北等地野生,也有些地区人工栽培。

　　苣荬菜嫩茎叶含水分 88%，蛋白质 3%，脂肪 1%，氨基酸 17 种，其中精氨酸、组氨酸和谷氨酸含量最高，占氨基酸总量的 43%。苣荬菜还含有铁、铜、镁、锌、钙、锰等多种元素。据测，每 100 克鲜样含维生素 C 58.10 毫克，维生素 E 2.40 毫克，胡萝卜素 3.36 毫克。苣荬菜具有清热解毒、凉血利湿、消肿排脓、祛瘀止痛、补虚止咳的功效。将苣荬菜打浆配合精饲料喂饲生长育肥猪或母猪。

　　5. 甜菜（恭菜、甜菜根）

　　甜菜属于二年生草本植物，原产于欧洲西部和南部沿海，从瑞典移植到西班牙，是甘蔗以外的一个主要糖来源。甜菜起源于地中海沿岸，野生种滨海甜菜是栽培甜菜的祖先。大约在公元 1500 年从阿拉伯国家传入中国。

　　甜菜的块根水分占 75%，固形物占 25%。固形物中蔗糖占 16%～18%，非糖物质占 7%～9%。非糖物质又分为不溶性和可溶性两种：不溶性非糖主要是纤维素、半纤维素、原果胶质和蛋白质；可溶性非糖又分为无机非糖和有机非糖。无机非糖主要是钾、钠、镁等盐类；有机非糖可再分为含氮和无氮。无氮非糖有脂肪、果胶质、还原糖和有机酸；含氮非糖又分为蛋白质和非蛋白质。非蛋白质非糖主要指甜菜碱、酰胺和氨基酸。甜菜产量较高，每亩产量为 1.2 万～1.6 万千克。

　　甜菜 100 克中含粗蛋白质 1.8 克，粗脂肪 0.10 克，碳水化合物 4.0 克，粗纤维 1.3 克，维生素 A 610.0 微克，维生素 B_1 0.1 毫克，核黄素 0.22 毫克，烟酸 0.40 毫克，维生素 C 30.0 毫克，钙 117.0 毫克，磷 40.0 毫克，钾 547.0 毫克，钠 201.0 毫克，镁 72.0 毫克，铁 3.3 毫克，锌 0.38 毫克，铜 0.19 毫克。将甜菜打浆与精饲料配合应用，喂饲生长育肥猪或母猪效果较好，可降低饲料成本，经济效益可观，甜菜养猪值得推广应用。

6. 胡萝卜（红萝卜或甘荀）

胡萝卜为野胡萝卜的变种，本变种与原变种区别在于根肉质，长圆锥形，粗肥，呈红色或黄色。属于二年生草本植物。全国各地均有栽培，亩产 1 500～5 000 千克。

胡萝卜 100 克中含粗蛋白质 0.6 克，粗脂肪 0.3 克，粗纤维 1.3 克，糖类 7.6～8.3 克，钙 32 毫克，钠 25.1 毫克，钾 193 毫克，铁 0.6 毫克，胡萝卜素 1.35～17.25 毫克，维生素 B_1 0.02～0.04 毫克，维生素 B_2 0.04～0.05 毫克，维生素 C 12 毫克，热量 150.7 千焦，另含果胶、淀粉和多种氨基酸。将胡萝卜和胡萝卜缨一并打成浆，按一定的比例与精饲料配合应用，喂饲生长育肥猪和母猪。

7. 南瓜

南瓜别名倭瓜、番瓜、饭瓜、番南瓜、北瓜，是葫芦科南瓜属的一个种，一年生蔓生草本植物。原产墨西哥到中美洲一带，世界各地普遍栽培。明代传入中国，现南北各地广泛种植。果实可代粮食。全株各部又供药用，种子含南瓜子氨酸，有清热除湿、驱虫的功效，对血吸虫有控制和杀灭的作用，藤有清热的作用，瓜蒂有安胎的功效。南瓜产量较高，亩产量可达 1 500～2 000 千克。

南瓜 100 克中含热量 566 千卡，粗蛋白质 33.2 毫克，粗脂肪 48.1 毫克，碳水化合物 1.3～5.7 克，粗纤维 4.9 毫克，胡萝卜素 4.6 微克，维生素 E 13.25 毫克，维生素 B_1 0.23 毫克，烟酸 1.8 毫克，钙 16 毫克，维生素 B_2 0.09 毫克，镁 2 毫克，铁 1.5 毫克，锰 0.64 毫克，锌 2.57 毫克，钾 102 毫克，磷 1159 毫克，钠 20.6 毫克，硒 2.78 微克。养猪规模小的猪场，可将南瓜打成浆与精饲料配合应用，效果很好。

8. 叶类蔬菜（白菜、甘蓝）

均为十字花科芸薹属的一年生或二年生草本植物。

白菜（甘蓝）营养丰富，每 100 克含水分 93.7 克，蛋白质 1~1.6 克，脂肪 0.1 克，碳水化合物 2.5~2.7 克，粗纤维 1~1.1 克，钙 32 毫克，磷 33 毫克，铁 0.3 毫克，硒 0.04 微克，维生素 B_1 0.05 毫克，核黄素 0.02 毫克，烟酸 0.4 毫克，抗坏血酸 76 毫克。白菜（甘蓝）亩产量 4 500~10 000 千克。白菜（甘蓝）打成浆与蛋白质饲料和能量饲料配合应用，喂饲生长育肥猪或母猪，可降低饲料成本。

9. 水葫芦（凤眼莲、水浮莲、布袋莲、凤眼蓝）

水葫芦是雨久花科凤眼莲属浮水草本植物。根生于节上，根系发达，靠毛根吸收养分，根茎分蘗下一代。叶单生，直立，叶片卵形至肾圆形，顶端微凹，光滑；叶柄处有泡囊承担叶花的重量，悬浮于水面生长。

水葫芦鲜草含氮素 0.24%，磷酸 0.07%，氧化钾 0.11%，粗蛋白质 1.2%，粗脂肪 0.2%，粗纤维 1.1%，无氮浸出物 2.3%，灰分 1.3%，水分占 93.90%，还含有多种维生素。

水葫芦产量极高，一般亩产可达 4 万千克以上，生长旺季每周可采收 1 次，每次采收量约为总量的 1/4。将水葫芦打成浆与蛋白质饲料和能量精饲料配合应用，喂饲空怀或怀孕母猪，可降低饲养成本，能获得更大的经济效益。

10. 浮萍（绿萍、满江红、红萍）

浮萍属于满江红科蕨类植物，萍体漂浮水面，是优良水生饲料植物。细绿萍产量特高，品质优良，饲用方便。养 1 亩水面的细绿萍，每天可产鲜萍 100 千克，最多可达 450 千克。在我国北方大部分地区，每 1 亩水面可产鲜萍 2 万千克以上，最多可达 4.5 万千克。

绿萍鲜嫩多汁，是优良的青绿多汁饲料，干品含粗蛋白质 16%~19%，粗脂肪 2%~2.3%，无氮浸出物 35%，粗纤维

22%~24%，营养价值较高，但因带有腥味，初喂时不喜食，经训饲几天以后喜食。将绿萍打浆与精饲料配合应用，降低饲料成本，经济效益很好，值得推广。

11. 蒲公英

蒲公英别名黄花地丁、婆婆丁，为菊科多年生草本植物。全国各地均有分布，主要生长在中、低海拔地区的山坡草地、路边、田野、河滩地，野生。

蒲公英为药食同源植物，具有药用和食用价值，现部分地区均有人工栽培。一般每亩地每茬可收割2 000~2 500千克，每年刈割3~5茬次，有条件水浇灌，覆盖地膜可增加茬次，产量则更高。蒲公英植物体中，每60克生蒲公英叶含水分86%，蛋白质1.6克，碳水化合物5.3克，热量约有108.8千焦；富含维生素A、维生素C、维生素B_2、维生素B_1、维生素B_6、叶酸、铜、钾、镁、铁、钙，以及含有蒲公英醇、蒲公英素、胆碱、菊糖等多种营养成分。同时，具有清热解毒，利胆等功效，预防或治疗治热毒、痈肿、疮疡、内痈、目赤肿痛、湿热、黄疸、小便淋沥涩痛、疔疮肿毒等症。将蒲公英打浆或制成干粉与蛋白质饲料和能量饲料配合应用，喂饲生长育肥猪或母猪，降低饲养成本，同时可预防呼吸系统和消化系统等某些疾病。

二、粗饲料

1. 啤酒糟

我国啤酒糟年产量已达2 000万千克，并且还在不断增加。啤酒糟主要由麦芽的皮壳、叶芽、不溶性蛋白质、半纤维素、脂肪、灰分及少量未分解的淀粉和未洗出的可溶性浸出物组成。啤酒生产所采用原料的差别以及发酵工艺的不同，使得啤酒糟的成分不同，因此在利用时要对其组成进行必要的分析。

啤酒糟含有丰富的粗蛋白质和微量元素，具有较高的营养价值。啤酒糟干物质中含粗蛋白质 23%～27%，粗脂肪 5%～9%，粗纤维 13%～15%，灰分 3%～6%；在氨基酸组成上，赖氨酸 0.7%～1.0%，蛋氨酸 0.35%～0.6%，胱氨酸 0.30%，精氨酸 1.2%～1.8%，异亮氨酸 1.4%～1.6%，亮氨酸 1.5%～2.5%，苯丙氨酸 1%～1.5%，酪氨酸 1.0%～1.4%，苏氨酸 0.70%～1.2%，色氨酸 0.25%～0.6%，缬氨酸 1.4%～1.80%；钙 2%～5%，磷 0.4%～1%，镁 0.1%～0.18%，铁 0.02%～0.029%，钾 0.05%～0.12%，钠 0.15%～0.30%，铜 0.015%～0.028%；维生素 B_1 0.7 毫克/千克，维生素 B_2 1.5 毫克/千克，维生素 B_6 0.7 毫克/千克，维生素 B_{12} 9.7 毫克/千克，泛酸 8.6 毫克/千克，烟酸 43 毫克/千克，胆碱 15.8 毫克/千克。将啤酒糟制成干粉与精饲料配合使用，喂饲生长育肥猪或母猪。生长猪限量不超过日粮的 20%。

2. 白酒糟

我国年产鲜白酒糟基本维持在 4 200 万千克。白酒糟是用高粱、玉米、大麦等几种纯粮发酵而成的，为淡褐色，具有令人舒适的发酵谷物的味道，略具麦芽味，在同种蛋白质饲料中价格占优势，白酒糟营养较为丰富，粗蛋白质含量为 14%，粗脂肪 4%，粗纤维 27.6%，粗灰分 13.3%，无氮浸出物 34%；赖氨酸 1.12%，苯丙氨酸 0.76%，苏氨酸 0.56%，蛋氨酸 0.57%，精氨酸 0.61%，组氨酸 0.58%，酪氨酸 0.21%；钙 0.82%，磷 0.48%。将白酒糟制成干粉与精饲料配合应用，喂饲生长育肥猪或母猪，降低饲料成本。限量不超过日粮的 30%。

3. 淀粉渣

淀粉渣主要是用甘薯、马铃薯、玉米、绿豆等为原料提取淀粉的副产物。因原料干物质含量差异很大（马铃薯 17%、玉米

15%、甘薯13%），此外，淀粉渣中蛋白质、脂肪、维生素和矿物质等营养物质含量较少，满足不了猪生长需要，不宜单用喂饲。

4. 豆腐渣

豆腐渣是生产豆奶或豆腐过程中的副产品。具有蛋白质、脂肪、钙、磷、铁等多种营养物质。中国是豆腐生产的发源地，具有悠久的豆腐生产历史，豆腐的生产、销售量都较大，相应的豆腐渣产量也很大。一般豆腐渣含水分85%，蛋白质3.0%，脂肪0.5%，碳水化合物（纤维素、多糖等）8.0%，此外，还含有钙、磷、铁等矿物质。小规模养猪场将豆腐渣与精饲料配合应用，喂饲育肥猪或母猪，可降低饲养成本。

5. 甜菜渣粕

甜菜在制糖过程中，甜菜根茎经过浸泡、压榨、充分提取糖液后的残渣，称为甜菜渣粕，是制糖工业的副产品。甜菜渣粕的粗蛋白质含量为6%，糖分3%，脂肪0.9%，无氮浸出物57%，粗纤维素28%，灰分3.45%，钙0.9%，磷0.06%。甜菜渣粕因纤维含量较高，如经过微生物发酵糖化后，再与精饲料配合应用，用作母猪妊娠前期饲料效果则更好。

6. 花生秧（壳）

花生秧蛋白质含量为12.20%，粗脂肪2%，粗纤维21.8%，碳水化合物46.8%；赖氨酸0.40%，蛋氨酸+胱氨酸0.27%，钙2.8%，磷0.10%；花生壳蛋白质含量为7%，粗脂肪1.1%，粗纤维26%，碳水化合物20%，赖氨酸0.40%，钙0.3%，磷0.10%，灰分3.5%。

花生秧（壳）资源丰富，因其纤维含量较高，经过微生物发酵糖化处理后，可按3%~5%比例替代糠麸饲料，喂饲妊娠前期母猪，可降低饲料成本，获得较好经济效益。

7. 橡子

橡子又称栗茧、蒙古栎、橡子树、柞树、蒙古柞，主要生长在北方地区。橡子脱壳出仁率 60%~70%，其中淀粉占 55%~68%。每 100 克橡子含水分 70 克，蛋白质 8 克，脂肪 2 克，碳水化合物 50.5 克，膳食纤维 1.3 克，灰分 1.3 克，维生素 B_1 0.03 毫克，维生素 C 7 毫克，钙 112 毫克，磷 64 毫克，铁 5.8 毫克。将橡子粉碎与精饲料配合应用，喂饲生长育肥猪或母猪，可降低饲料成本，获得更好的经济效益。

8. 柞树叶

柞树叶为壳斗科植物蒙古栎的树叶，分布于东北、华北及山东等地。具有清热止痢、止咳、解毒消肿之功效，用于痢疾、肠炎、消化不良、支气管炎、痈肿、痔疮的预防。

柞树叶营养成分丰富，粗蛋白质含量为 13.52%，脂肪 4.87%，粗纤维 16.98%，粗灰分 5.19%，钙 0.89%，磷 0.20%。将柞树叶干燥后制成粉，经微生物发酵处理，降低单宁含量，与精饲料配合应用，按 3%~5% 的比例替代糠麸饲料，喂饲空怀和妊娠前期母猪，可降低饲养成本。

9. 槐树叶

紫穗槐和刺槐叶含氮量高，紫穗槐叶粉中含粗蛋白质 23.2%，粗脂肪 5.1%，无氮浸出物 39.3%，磷 0.31%，钙 1.76%；刺槐叶粉含粗蛋白质 19.1%，粗脂肪 5.4%，无氮浸出物 44.6%，钙 2.4%，磷 0.03%。此外，两种树叶中还含有各种维生素，尤其是胡萝卜素和维生素 B_2 含量丰富；赖氨酸含量高达 0.96%。一般 7—8 月采集槐树叶为宜。将树叶磨粉与精饲料配合应用，替代糠麸饲料 5%~10%，可降低饲养成本，获得良好的经济效益。

10. 柳树叶

柳树叶营养价值较高，是一种优良的饲料，同时柳树叶也具有清热、利尿、消炎、解毒等功效。柳树叶春季干物质含粗蛋白质 23%~27%，秋季干物质含粗蛋白质 16.12%，粗脂肪 3.01%，粗纤维 15.13%，无氮浸出物 54.13%，灰分 4.5%，钙 1.8%，磷 0.3%。此外，柳树叶含有多种氨基酸和微量元素等营养物质。将柳树叶粉碎发酵处理，替代 5%~10% 糠麸或粮食，降低饲养成本，获得良好的经济效益的同时，也可起到预防某些疾病的作用。

11. 松针粉

松针粉中含有挥发油、树脂、叶绿素，还含有植物激素、植物杀菌素、未知生长因子（UGF）等生物活性物质；可解毒、杀虫，抑制机体内有害微生物的生长繁殖，消除食积气滞等。松针粉粗蛋白质含量 8.52%，粗脂肪 9.8%，粗纤维 24.5%，无氮浸出物 37.06%，灰分 2.86%，水分 9.8%，胡萝卜素 88.75 毫克/千克，维生素 C 941 毫克/千克，维生素 B_2 17.2 毫克/千克，维生素 E 995 毫克/千克，叶绿素 1 554 毫克/千克，钠 0.03%，镁 0.14%，钙 0.59%，磷 0.11%，钾 0.45%。在生长育肥猪和母猪饲料日粮中加入松针粉 3%~5%，不仅节约粮食，而且对猪的生长和健康将起到积极的作用。

三、能量饲料

干物质中粗纤维含量低于 18%，粗蛋白质含量低于 20% 的饲料称为能量饲料。常用的能量饲料有玉米、大麦、小麦、高粱、稻谷、燕麦、麸皮、糠类和甘薯。能量饲料的特点是淀粉含量高，粗纤维少，适口性好，易消化，能量高。粗蛋白质含量在 7%~11%，含磷多，含钙少；B 族维生素多，维生素 A 较为缺乏，营养不平衡。因此，这类的饲料不宜单独喂猪，必须适当配合蛋白质饲料，方可收到良好的效果。

1. 玉米

玉米是能量饲料之王，也是谷实类饲料的主体，玉米具有适口性好、易消化、价格低廉的优点。玉米营养成分与可利用情况如下。

（1）利用能值高。玉米是谷实类籽实中可利用能量最高的，玉米的代谢能为 14.06 兆焦耳/千克，高者可达 15.06 兆焦耳/千克，这是因为玉米粗纤维含量少（仅2%），无氮浸出物高（72%），玉米含有74%的淀粉，消化率高；玉米含有较多脂肪，为 3.5%~4.5%，是小麦等麦类籽实的 2 倍，玉米可利用能为谷类籽实最高。

（2）玉米含亚油酸比例较高，玉米亚油酸含量达到2%，亚油酸是必需脂肪酸，可满足猪体需要。

（3）玉米粗蛋白质含量仅为 7%~8.9%，必需氨基酸含量较低，赖氨酸含量仅为 0.24%，色氨酸含量 0.07%，氨基酸比例不平衡，不能单独使用，必须与豆粕等蛋白质饲料配合应用。

（4）矿物质。矿物质约80%存在于胚部，钙含量很少，约0.02%，磷约含 0.25%，但其中约有63%的磷以植酸磷的形式存在，单胃动物的利用率很低；铁、铜、锰、锌、硒等微量元素的含量也较低。

（5）维生素。玉米中脂溶性维生素 E 含量较多，平均为 20 毫克/千克，水溶性维生素中维生素 B_1 较多。

（6）玉米号称"饲料之王"，猪在配合饲料中所占比例通常为 20%~80%。

2. 大麦

大麦作为猪的饲料，与玉米相比，大麦籽粒的饲用价值相当于玉米的95%，淀粉含量低于玉米，蛋白质和可消化蛋白质含量均比玉米高；大麦必需氨基酸含量明显高于玉米，特别是赖氨酸含量高于玉米近一倍，蛋氨酸含量高于玉米；大麦烟酸含量高于玉米，利于动物生长。大麦淀粉含量为 52%～60%，粗蛋白质含量 11%，粗脂肪 1.7%，粗纤维 4.8%，猪消化能 12.64 兆焦耳/千克，赖氨酸 0.65%，蛋氨酸 0.18%；色氨酸 0.12%，缬氨酸 0.64%。大麦氨基酸较为平衡，能量较高，含有多种维生素和微量元素，营养较为丰富，是养猪较好的能量原料。但大麦用作猪饲料用量通常控制在 20%～25%。

3. 小麦

小麦含粗蛋白质 13.9%，粗脂肪 1.7%，无氮浸出物 67.6%，粗纤维 1.9%，粗灰分 1.9%，钙 0.17%，磷 0.41%，植酸磷 0.19%，钠 0.06%，钾 0.5%，赖氨酸 0.3%，蛋氨酸 0.25%，色氨酸 0.15%；此外，小麦含核黄素 1.1 毫克/千克，烟酸 56.1 毫克/千克，胆碱 778 毫克/千克，铁 88 毫克/千克，铜 7.9 毫克/千克，锌 29.7 毫克/千克，硒 0.05 毫克/千克，钴 0.1 毫克/千克，锰 45.9 毫克/千克，且小麦营养丰富，富含淀粉 53%～70%，能量值较高，是猪饲料良好的能量原料，在应用小麦配制猪饲料过程中，应注意氨基酸平衡。

4. 高粱

高粱籽粒中粗蛋白质 8%～11%，粗脂肪 3%，粗纤维 2%～3%，赖氨酸 0.28%，蛋氨酸 0.11%，胱氨酸 0.18%，色氨酸 0.10%，精氨酸 0.37%，组氨酸 0.24%，亮氨酸 1.42%，异亮氨酸 0.56%，苯丙氨酸 0.48%，苏氨酸 0.30%，缬氨酸 0.58%，高粱籽粒中亮氨酸和缬氨酸含量略高于玉米，而精氨酸的含量又略低于玉米，其他各种氨基酸的含量与玉米大致相等。高粱中还含有多种维生素和矿物质等营养成分。高粱中淀粉含量为 65%～70%，是良好的能量饲料。但高粱中单宁酸含量较多，适口性差，多喂猪易发生便秘。通常在猪饲料配比中，高粱用量不超过

15%~20%。

5. 稻谷

稻谷是指没有去除稻壳的籽实。据分析，稻谷含水分11.7%，粗蛋白质8.1%，粗脂肪1.8%，碳水化合物64.5%，粗纤维8.9%，粗灰分5%；稻谷也富含维生素和矿物质等多种营养物质，是良好的能量饲料。我国南方地区种植水稻多，缺少玉米，常用稻谷为能量饲料喂猪。由于稻谷赖氨酸、色氨酸和蛋氨酸含量少，不能满足猪营养需要，故在配合猪饲料时，注意氨基酸等营养平衡。

6. 燕麦

燕麦为禾本科植物，《本草纲目》中称之为雀麦、野麦子。燕麦不易脱皮，所以被称为皮燕麦，是一种低糖、高营养、高能食品。燕麦性味甘平，能益脾养心、敛汗，有较高的营养价值。100克燕麦中含蛋白质15克，脂肪6.7克，碳水化合物61.6克，纤维5.3克，胡萝卜素2.2微克，维生素 B_1 3克，核黄素0.13毫克，烟酸1.2毫克，维生素 E 3.07毫克，钾214毫克，钠3.7毫克，钙186毫克，镁177毫克，铁7毫克，锰3.36毫克，锌2.5毫克，铜45毫克，磷291毫克，硒4.31微克等营养物质。应用带壳的燕麦用作猪饲料，一般不超过15%~20%。

7. 麸皮

麸皮是小麦加工面粉后得到的副产品。100克麸皮中含粗蛋白质15.8克，粗脂肪4克，碳水化合物61.4克，粗纤维31.3克，灰分4.3克，维生素 A 20毫克，胡萝卜素120毫克，维生素 B_1 0.3毫克，核黄素0.3毫克，维生素 E 4.47毫克，钙206毫克，磷682毫克，钾682毫克，钠12.2毫克，镁382毫克，铁9.9毫克，锌5.93毫克，硒7.12微克，铜2.03毫克，锰10.85毫克。由于麸皮容积较大，在猪饲料配比中，一般用量控制在15%以内。

8. 糠类

（1）稻糠。是稻谷制米过程中去除稻壳和净米后的部分，主要的物质是米皮和稻壳碎屑及少量米粉，稻糠是人类消费品稻谷磨后的副产品，它和许多副产品一样是比较廉价的可用副产物。市场上有稻壳粉，粗纤维含量44.5%，其中木质素占21.4%，产品低劣，不可用于猪饲料；统糠粗蛋白质含量10%左右，米糠粗蛋白质含量12%~15%，粗脂肪11%~23%，含钙少，含磷多，维生素E和B族维生素含量丰富，是良好的猪饲料原料，可按10%~15%比例应用。

（2）玉米糠。又称为玉米糠麸、玉米皮渣、玉米皮糠等。它是在生产玉米碴、玉米面时脱下的种皮，或生产淀粉时将玉米浸泡、粉碎、水选之后的筛上部分，经脱水而制成的玉米麸质饲料，产量约为5%。其成分为水分10.07，粗蛋白质20%~22%，粗脂肪5.7%，粗纤维6%~15%，粗灰分1.0%，无氮浸出物57.45%，富含有维生素和矿物质营养成分，猪饲料中限量在10%~15%为宜。

（3）高粱糠。高粱糠是在磨高粱米时脱下的种皮。高粱糠粗蛋白质含量为10%左右，粗脂肪1.4%，酸性纤维34.3%，高粱糠消化能为3.2兆卡/千克。由于高粱糠中含单宁酸较多，适口性差，易导致猪体便秘，故通常猪饲料中限量在10%~15%。

（4）谷糠。又称为小米糠，在磨谷子为小米时脱下种皮称之为谷糠。小米糠粗蛋白质含量6%~10%，粗脂肪5%，粗纤维25%~28%，富含多种维生素和矿物质等营养成分，适口性较好，饲料价值较高，可在猪饲料中添加5%~10%。

9. 甘薯

甘薯又名山芋、红芋、番薯、番芋、地瓜（北方）、红苕

（四川）、线苕、白薯、金薯、甜薯、朱薯、枕薯、番葛、白芋、茴芋地瓜、红皮番薯、萌番薯。甘薯是旋花科一年生草本植物，地下块根，块根纺锤形，外皮土黄色或紫红色。甘薯产量较高，亩产可达 1 500~3 000 千克或更高。

甘薯块根干物质中含无氮浸出物 70%~76%，淀粉 50%~65%，粗纤维 3% 及少量蛋白质，且甘薯中蛋白质组成比较合理，必需氨基酸中赖氨酸含量高，此外甘薯中含有丰富的维生素 A、B 族维生素、维生素 C、维生素 E 等多种维生素、矿物质等营养物质，是猪的良好的能量饲料。将甘薯打浆或制成干粉与精饲料配合应用，喂饲生长育肥猪和母猪。

四、蛋白质饲料

蛋白质饲料是指干物质中粗蛋白质含量在 20% 以上，粗纤维含量在 18% 以下的饲料。包括豆粕（饼）、棉粕、菜粕、花生粕（饼）、向日葵粕、玉米胚芽粕等植物性蛋白质饲料和鱼粉、肉骨粉、血粉、蚕蛹粉、羽毛粉、虾糠、菌体蛋白质等动物性蛋白质饲料。

1. 豆粕（饼）

豆粕（饼）中粗蛋白质含量高达 30%~50%，是动物主要的蛋白质饲料之一，但未经处理的豆粕、豆饼中含有抗胰蛋白酶、尿毒酶、皂角苷、甲状腺肿诱发因子等，对动物的消化利用会产生不良影响。

豆粕中含蛋白质 40%~48%，脂肪 1.9%~2.2%，粗纤维 5%~7%，无氮浸出物 30%~35%，粗灰分 4.5%~7.0%，赖氨酸 2.5%~3.0%，色氨酸 0.6%~0.7%，蛋氨酸 0.5%~0.7%，胱氨酸 0.5%~0.8%；胡萝卜素较少，仅 0.2~0.4 毫克/千克，维生素 B_1、核黄素各 3~6 毫克/千克，烟酸 15~30 毫克/千克，胆碱

2 200~2 800毫克/千克，钙0.3%~0.4%，磷0.58%~0.65%。豆粕中蛋氨酸含量较为缺乏。在猪饲料配比中，应与鱼粉、菜籽粕等混合使用，营养较为全面，应用效果则更好。

2. 棉粕

棉粕分为脱壳棉粕与不脱壳棉粕两种，完全的棉仁制成的棉仁粕粗蛋白质40%，高可达45%，不脱壳的棉籽直接榨油生产出的棉籽粕粗蛋白质仅20%~30%。一般脱壳棉粕蛋白质含量在40%~45%，粗脂肪1%~3%，粗纤维10%~14%，无氮浸出物65%~68%，粗灰分5%~6%，精氨酸含量高达3.6%~3.8%，赖氨酸含量仅为1.3%~1.5%，蛋氨酸为0.4%，矿物质中钙少磷多，其中71%左右为植酸磷，不易被吸收，含硒量少。维生素B_1含量较多，维生素A、维生素D含量少。因此，在猪配合饲料时，应与豆粕、菜籽粕等蛋白质饲料混合应用效果好。在猪饲料配比中棉粕应控制在20%以内。

3. 菜籽粕

菜籽粕含干物质88%，粗蛋白质36.3%，粗脂肪7.4%，粗纤维12.5%，无氮浸出物26.1%，粗灰分5.7%，代谢能12.05兆焦耳/千克，钙0.62%，磷0.96%，植酸磷0.63%，钾1.34%，钠0.02%，铁667毫克/千克，铜7.2毫克/千克，锰78.1毫克/千克，锌59.2毫克/千克，硒0.29毫克/千克，赖氨酸1.4%，蛋氨酸0.41%，色氨酸0.42%，亮氨酸2.26%，胱氨酸0.7%，精氨酸1.82%，缬氨酸1.62%，苯丙氨酸1.35%，异亮氨酸1.16%。

菜粕中含有丰富的赖氨酸，常量和微量元素，其中钙、硒、铁、镁、锰、锌的含量比豆粕高，磷含量是豆粕的2倍，同时它还含有丰富的含硫氨基酸，这正是豆粕所缺少的，所以它和豆粕合用时可以起平衡和互补作用。

4. 花生粕（饼）

花生粕的营养价值较高，其代谢能是粕类饲料中最高的，粗蛋白质含量接近豆粕，高达 48%以上，精氨酸含量高达 5.2%，是所有动、植物饲料中最高的。赖氨酸含量只有豆粕的 50%左右，蛋氨酸、赖氨酸、苏氨酸含量都较低。通过添加合成氨基酸或是添加其他的蛋白质饲料而使氨基酸得到平衡，猪的生长性能也可达到理想水平。

花生粕以粗蛋白质、粗纤维、粗灰分为 3 级质量控制指标：一级花生粕含水量<12%，粗蛋白质≥51%，粗纤维<7%，粗灰分<6%；二级花生粕含粗蛋白质≥42%，粗纤维<9%，粗灰分<7%；三级花生粕含粗蛋白质≥37%，粗纤维<11%，粗灰分<8%。据分析，一般花生粕（饼）含水分 13.67%，粗蛋白质37.41%，粗脂肪 6.37%，粗纤维 3.77%，无氮浸出物 31.56%，矿物质 7.22%；花生粕粗蛋白质为 45%，粗脂肪 0.8%，粗纤维2.4%，无氮浸出物 32%，钙 0.33%，磷 0.58%，赖氨酸 1.35%，营养价值很高，是猪饲料很好的蛋白质原料来源。花生粕（饼）赖氨酸、蛋氨酸、色氨酸和钙、磷含量较低，在应用猪饲料配比时，注意氨基酸营养平衡，建议应与豆粕、菜籽粕和动物性蛋白质饲料混合使用。

5. 向日葵粕

质量指标及分类标准：一级，粗蛋白质≥38%，粗纤维<16%，粗灰分<10%；二级，粗蛋白质≥32%，粗纤维<22%，粗灰分<10%；三级，粗蛋白质≥24%，粗纤维<28%，粗灰分<10%。按国际饲料分类标准，粗纤维高于 18%的向日葵粕就不属于蛋白质饲料，而属于粗饲料。一般脱壳向日葵粕粗蛋白质为35%～38%，粗脂肪 0.8%～1.5%，粗纤维 13%～18%，灰分7%～10%。在猪饲料配比中，仔猪料中应避免使用，肉猪料中可适量添加，不能作为唯一蛋白质来源，在应用时补充适量维生素和氨基酸，限制用量为 10%。

6. 玉米胚芽粕

玉米胚芽粕是以玉米胚芽为原料，经压榨或浸提取油后的副产品，又称玉米脐子粕。玉米胚芽粕中含粗蛋白质 18%~20%，粗脂肪 1%~2%，粗纤维 11%~12%。其氨基酸组成与玉米蛋白饲料（或称玉米麸质饲料）相似。名称虽属于饼粕类，但按国际饲料分类标准，大部分产品属于中档能量饲料。从蛋白质品质上看，玉米胚芽粕的蛋白质品质虽高于谷实类能量饲料，但各种限制性氨基酸含量均低于玉米蛋白粉及棉粕、菜籽粕。粗蛋白质含量一般在 15%~20.8%，粗脂肪 1%~2%，粗纤维 5%~7%，无氮浸出物约 50%，粗灰分 4%~6%，钙 0.06%，磷 0.5%，营养虽然较为全面，但蛋白质含量较低，不能单独作为猪的蛋白质饲料使用。

7. 鱼粉

鱼粉用全鱼或鱼内脏、鱼骨、鱼肉按一定比例加工而成。国内市场销售的鱼粉按原料不同，大致可分为 4 类：一是以小杂鱼干磨碎而成的鱼干粉；二是以鱼类下脚料（如鳗鱼）加工的下杂鱼粉；三是以红肉鱼类（鳀、鲭、沙丁鱼）加工的红鱼粉，其中又分为直火烘干和蒸汽干燥；四是以白肉鱼类（鳕鱼类）等生产的白鱼粉，其中又分为岸上加工和船加工。

优质进口鱼粉蛋白质含量在 60%~68%，有的高达 70%，赖氨酸 5.4%，蛋氨酸 1.95%，亮氨酸 5.4%，异亮氨酸 3.1%，苏氨酸 2.7%；国产鱼粉蛋白质含量一般在 40%~60%，优质国产鱼粉蛋白质含量达 60% 以上，赖氨酸 2.2%，蛋氨酸 1.0%，亮氨酸 4.8%，异亮氨酸 2%，苏氨酸 1.8%。各种氨基酸含量高，较为平衡，所以其生物学价值也高，是平衡猪日粮的优质动物性饲料。鱼粉含脂肪较高，进口鱼粉含脂肪约占 10%；国产鱼粉标准为 10%~14%，但有的高达 15%~20%；鱼粉含钙 3.8%~7%，磷 2.76%~3.5%，钙磷比为（1.4~2）∶1，鱼粉质量越好，含磷量越高，磷的利用率为 100%；据分析，1 千克海鱼粉含锌 97.5~151 毫克，金枪鱼粉高达 213 毫克，淡水鱼粉则为 60 毫克；1 千克海鱼粉含硒 1.5~2.2 毫克，金枪鱼粉高达 4~6 毫克；1 千克秘鲁鱼粉含维生素 B_2 7.1 毫克，泛酸 9.5 毫克，生物素 390 微克，叶酸 0.22 毫克，胆碱 3 978毫克，烟酸 68.8 毫克，维生素 B_{12} 110 微克。进口鱼粉含盐量在 1.5%~2.5%。国产鱼粉国家标准规定是：一、二级鱼粉含盐量 4%，三级鱼粉含盐量 5%，国产鱼粉含盐量均超标。总之，鱼粉既是平衡蛋白质和氨基酸的优质动物性蛋白饲料，也是平衡矿物质特别是微量元素的好饲料。

8. 肉骨粉

肉骨粉是利用畜禽屠宰厂不宜食用的家畜躯体、残余碎肉、骨、内脏等作原料，经高温蒸煮、灭菌、脱胶、脱脂、干燥、粉碎制得的产品，黄色至黄褐色油性粉状物，具肉骨粉固有气味，无腐败气味，无异味异臭。肉骨粉的粗蛋白质一般在 40%~60%，氨基酸组分比较平衡，是鱼粉的优良替代品。

随原料的不同粗蛋白质含量差异较大，平均为 40%~50%，粗蛋白质主要来自磷脂、无机氮、角质蛋白、结缔组织蛋白、肌肉组织等蛋白质。一般肉骨粉粗蛋白质含量为 45%，脂肪 9%，赖氨酸 2.5%，蛋氨酸+胱氨酸 1.02%，色氨酸 0.5%，苏氨酸 1.63%，异亮氨酸 1.32%，钙 11%，磷 6%，锰、铁、锌微量元素及维生素 B_{12}、烟酸、胆碱等营养物质含量较高，营养较为全面，蛋白质品质仅次于鱼粉，是一种优质的蛋白质饲料。在猪的饲料配合中，最佳用量应控制在 10% 之内。值得注意的是肉骨粉易感染沙门氏菌，同时肉骨粉中含有较高的动物脂肪，不易贮存时间过长，否则贮存不当和通风不良时会产生脂肪氧化酸败，造成质量下降。因疯牛病有些国家已禁止使用。

9. 血粉

血粉制作的原料多数是鸡、猪、牛等动物的血液。经过血液蒸煮法、吸附法、流动干燥法、微生物发酵法、膨化法、喷雾干燥法等多种制作血粉方法，由于制作方法的不同，蛋白质含量差距变化很大，蛋白质含量为 60%~85%。喷雾干燥血粉通过高压泵进入高压喷粉塔，同时送入热空气进行干燥制成的血粉。喷雾干燥血粉富含赖氨酸，氨基酸的消化率可达 90%，大大提高了蛋白质的利用率。

喷雾干燥血粉干物质占 92%，粗蛋白质 82%，粗脂肪 0.8%，粗灰分 2.5%，赖氨酸 8%，蛋氨酸+胱氨酸 2.47%，苏氨酸 3.03%，色氨酸 0.46%，异亮氨酸 0.71%。此外，血粉中还含有钙 0.3%，磷 0.25%，钠、钴、锰、铜、磷、铁、钙、锌、硒等多种微量元素和多种酶类，维生素 A、维生素 B_2、维生素 B_6、维生素 C 等营养物质。在猪的饲料配制过程中适量加入血粉，对于提高蛋白质含量、平衡营养将起到积极的作用。建议血粉加入量不超过 10%为宜。注意禁用疫区的动物源性饲料产品。

10. 蚕蛹粉

蚕蛹粉是蚕蛹经过干燥、加工、粉碎后的产品。蚕蛹粉的粗蛋白质含量为 54%，粗脂肪含量 22%，粗纤维 6%，灰分 3%；含钙 0.25%，磷 0.58%，铁 48 毫克/千克，铜 15.7 毫克/千克，锰 16.5 毫克/千克，锌 162.8 毫克/千克；蛋氨酸含量为 1.1%，赖氨酸 3.1%，色氨酸 0.56%，营养较为全面，是很好的蛋白质饲料。蚕蛹粉钙、磷含量较低，脂肪含量高，猪饲料中用量不宜过多，否则饲料易产生异味，影响饲料适口性。因此，猪的饲料配合最佳限量为 10%。

11. 羽毛粉

羽毛粉属于角质化蛋白，含粗蛋白质高达 80%以上，含硫较高。羽毛粉加工有高温高压水解法、酸碱水解法、酶解法、微生物法、膨化法等多种方法，蛋白质含量高达70%～85%，是优良的蛋白质原料。下面以高温高压水解法为例介绍羽毛粉。禽类羽毛经过水洗、清杂，放入高温高压反应釜内，再经高压5～6小时的搅拌、焦化、干燥处理为无异味、淡黄色或褐色的干燥粉粒状，这种胶质蛋白破坏双硫键结构，蛋白质容易吸收，吸收率高达66%以上。羽毛粉干物质占92%，粗蛋白质80%，粗脂肪1.2%，粗灰分2.1%，砂分0.8%，体外消化率为80%。含赖氨酸1.42%，色氨酸0.5%，胱氨酸3.75%，缬氨酸6.41%，亮氨酸6.58%，异亮氨酸3.75%，蛋氨酸0.42%，苏氨酸3.58%；含铁2 524毫克/千克，铜5.8毫克/千克，锰68.8毫克/千克，锌111.7毫克/千克等多种物质，营养齐全。猪的饲料配比中用量应控制在10%以下，最佳控制量为3%～5%。

12. 虾糠

虾糠是对虾的头、皮及加工下料，经过晾晒、烘干、粉碎加工而成的。干物质占90%，含粗蛋白质41.2%，粗脂肪5%，粗灰分21.4%，无氮浸出物14.3%，钙5.62%，磷1.02%，含缬氨酸1.80%，色氨酸0.15%，赖氨酸2.87%，亮氨酸2.40%，胱氨酸0.71%，苏氨酸1.47%，蛋氨酸1.20%，异亮氨酸1.61%，精氨酸2.40%；以及富含钠、钾、镁、铁、氯、碘、维生素A、维生素E、维生素B_1、维生素B_2等营养物质。在猪的饲料配比中适量加入虾糠3%～5%，既可补充蛋白质，又起到补充微量元素和多种维生素的作用，对生长猪和种猪很有益处。

13. 菌体蛋白质

菌体蛋白质又叫微生物蛋白、单细胞蛋白。按生产原料不同，可分为石油蛋白、甲醇蛋白、甲烷蛋白等，粗蛋白质可达45%以上；按产生菌的种类不同，又可以分为细菌蛋白、真菌蛋白及藻类细胞生物体蛋白等，粗蛋白质含量为 40%~60%。菌体蛋白质氨基酸含量齐全，营养丰富，含有多种维生素、碳水化合物、脂类、矿物质，以及丰富的辅酶 A、辅酶 Q、谷胱甘肽、麦角固醇酶类和生物活性营养物质，饲料应用前景十分广阔。

五、矿物质饲料

矿物质是猪饲料配比中不可缺少的重要营养物质之一。矿物质饲料分为两大类，即常量元素矿物质饲料和微量元素矿物质饲料。常量元素矿物质饲料主要有食盐，钙、磷补充饲料；微量元素矿物质原料主要有铜、铁、锌、锰、硒、碘等化合物原料。

1. 食盐

在常用植物性饲料中钾含量多，钠和氯含量都少。食盐是补充钠和氯的最简单、价廉和有效的添加剂。食盐中含氯 60%，含钠 39%。食盐在猪配合饲料中添加量为 0.5% 左右。食盐不足可引起食欲下降，采食量低，生产性能下降，并导致异食癖；食盐过量时，只要有充足饮水，一般对猪健康影响较小，但若饮水不足，可能出现食盐中毒。在生产中应防止食盐超量添加；使用含食盐高的鱼粉和酱油渣时，应特别注意。

2. 钙、磷补充饲料

钙和磷是猪饲料中最容易缺乏的常量无机元素，目前常用补充钙和磷的矿物质有骨粉、贝壳粉、石粉、磷酸钙等产品。在选择产品时，一定注意选择符合国家标准的产品，否则使用超标或不达标的产品将给养猪生产造成不良后果，甚至严重经济损失。

（1）骨粉。骨粉由各种动物的骨骼经过加工、干燥、粉碎制作而成。由于加工的方法不同，钙和磷含量差距较大。粗加工的骨粉含钙量为 23%，含磷 10%~12%；蒸制方法加工的骨粉含钙量为 30%，含磷 13%~15%。

（2）贝壳粉。贝壳粉是用蚬子壳、牡蛎壳、蚌壳等粉碎加工而成的，其产品95%的主要成分是碳酸钙，含钙30%~38%，含磷很少，为0.1%~0.5%。

（3）石粉。饲料常用的是石灰石粉，是天然的碳酸钙，含钙量为50%左右，如果将石灰石煅烧生成石灰，主要成分氧化钙，含钙量为40%~55%；白云石粉和石膏粉含钙量均为30%左右。

（4）磷酸钙（磷酸三钙、二氢钙、磷酸氢钙）。磷酸三钙含钙38%，含磷18%；磷酸二氢钙含钙20%，含磷21%；磷酸氢钙含钙24%，含磷18.5%。

3. 微量元素原料

微量元素原料主要有硫酸亚铁（一水或七水）、硫酸锌（一水或七水）、硫酸铜（五水）、碘化钾和亚硒酸钠。在配制微量元素添加剂时，选择原料要注意含水量、元素含量及颗粒度。

六、饲料添加剂

饲料添加剂是指为满足现代化养猪的营养需要，完善饲料营养的全面性，或为某种特殊目的而加入配合饲料中的物质。目前，在养猪生产中常见的饲料添加剂有维生素添加剂、微量元素添加剂、氨基酸添加剂、促生长添加剂、抗氧化剂、防腐剂、调味剂、微生物饲料添加剂等物质，这些添加剂虽然量小，但作用大，在应用时注意搅拌均匀，做到安全有效，以免造成不良后果。

1. 维生素添加剂

维生素是动物维持正常生理机能所不可缺少的低分子有机化合物。它具有的特点：是天然食品中的一种成分；在大部分食品中含量极微；为维持动物正常代谢所必需；一旦缺乏这种物质会引起动物某种特定的缺乏症；动物本身不能合成足够的量来满足其生理需要，必须从日粮中获取。维生素添加剂在现代化养猪生产中发挥着积极的作用。现在市场上品种多样化，有复合维生素和单项维生素，还有多种维生素和微量元素预混剂等产品。由于种猪、育肥猪和仔猪对维生素的需要量不同，为准确有效使用维生素，在选择时应注意查看产品的规格、包装、生产日期、有效日期和使用说明书，以避免使用不当而造成不良后果。

2. 微量元素添加剂

微量元素是动物生长发育离不开的矿物质元素。常量元素有钙、磷、镁、钾、钠、氯、硫；常用的微量元素有铁、锌、铜、锰、碘、硒、钴、钼和铬。常用作原料的微量元素化合物有硫酸盐类、碳酸盐类、氧化物，统称为无机微量元素添加剂原料，而蛋氨酸锌、蛋氨酸锰等称为微量元素的有机化合物。

微量元素添加剂可满足猪体对矿物质的营养需要，用来补充基础日粮中短缺的矿物质成分，是猪正常生理活动和生长发育所必需的。补充这些矿物质元素是充分发挥猪的生产潜力的一项重要措施，特别是在现代化、集约化、生态环保化科学饲养条件下养猪尤为重要。由于仔猪、育肥猪和种猪用量不同，在选择添加剂应用时，注意查看产品包装、生产日期、生产规格和使用说明书，避免超期、超量使用而造成严重后果。

3. 氨基酸添加剂

蛋白质是生命的重要物质基础。而蛋白质的主要成分是氨基酸，是动物机体构成肌肉、骨骼、血液、皮肤、毛等的主要成分，也是构成体内酶、激素、免疫抗体等其他蛋白质的基本物质。因此，氨基酸是动物不可缺少的营养物质。目前，国内市场销售有赖氨酸添加剂、蛋氨酸添加剂、色氨酸添加剂和氨基酸硒、氨基酸锌和蛋氨酸锰等。在选择应用时，注意查看产品名称、用量、保质期和使用说明书，确保使用安全。

4. 促生长添加剂

促生长添加剂属于非营养性添加剂，这类添加剂不是作为提供动物的某种营养物质而添加的，而是为保证和改善饲料品质、促进动物健康、促进生长、提高饲料转化率在饲料中添加少量或微量的物质。常用的添加剂有酶制剂、中草药添加剂等产品。在选择添加剂时，认真查看产品名称、产品批号、保质期、用量和使用说明书，禁止使用无批号产品、易产生抗药性产品，确保猪的健康和猪肉产品食用安全。

5. 抗氧化剂

猪饲料中含有油脂和脂溶性维生素 A、维生素 D、维生素 E 等物质，饲料在贮存过程中极易氧化、分解、发霉变质。为避免饲料氧化和营养成分损失，必须在饲料中均匀加入抗氧化剂。常用的抗氧化剂产品有丁羟甲苯和乙氧基喹啉。在选择时，应注意查看产品批号、保质期和说明书，避免超期、超标使用而造成严重后果。

6. 防腐剂

常用的防腐剂有丙酸钠、丙酸钙、山梨酸和柠檬酸。防腐剂的作用是抑制霉菌生长和毒素的产生，从而延长饲料的贮存期。但对已发霉或已产生毒素的饲料无作用或作用很差。因此，必须在饲料未发霉前使用。丙酸钠和丙酸钙用量按配合饲料的 0.1%～0.2%添加，动物性饲料按 0.5%～1.5%添加；山梨酸用量按配合饲料的 0.05%～0.15%添加；柠檬酸用量按配合饲料的 0.5%～5%添加。

7. 调味剂

猪喜食甜味和香味。根据猪的采食嗜好，添加调味剂，提高饲料的适口性，增加采食量，促进生长、发育及快速肥育。常用的调味剂有糖精、谷氨酸钠和香料。一般谷氨酸钠添加剂按饲料的 0.1% 添加；糖精添加剂按每 1 000 千克饲料添加 200~400 克；香料（乳酸乙酯）添加剂按每 1 000 千克饲料添加 500 克；应用花生、大豆炒香磨粉自制的香料添加剂，按饲料的 0.1% 添加，均收到很好的应用效果。

8. 微生物饲料添加剂

微生物饲料添加剂是通过改善动物肠道菌群生态平衡而发挥有益作用，以提高动物健康水平、提高抗病能力、提高消化能力的一类产品。使用微生物饲料添加剂是解决疾病泛滥、病菌耐药、免疫能力下降、成活率降低、养殖效益下降的有效手段。

市场产品有中药微生态制剂，是乳酸菌发酵中药微生态活菌制剂；益生素类制剂，是以枯草芽孢杆菌、酵母菌、乳酸菌等多菌种发酵的一类微生物制剂的总称；还有微生态饲料添加剂，产品有猪康肽、清瘟猪肽、杆痢肽、高免肽、霉立肽、益生源、益菌 1 号。

微生物饲料添加剂的作用是抑制有害菌的繁殖，使肠内菌群保持平衡；在肠道内产生消化酶，合成维生素可以产生淀粉酶和蛋白酶等消化酶以及 B 族维生素和合成维生素 A；增强免疫作用，通过刺激肠道内免疫细胞，增加局部抗体的形成，从而增加巨噬细胞活性。微生物饲料添加剂可使肝脏内大量蓄积有增强免疫作用的维生素 A；产生过氧化氢，抑制或损伤病原微生物；益生素、酶制剂在动物肠道代谢过程中，可分解不易被动物吸收利用的粗蛋白质、植酸酶及抗营养因子，防止蝇蛆的滋生，有效切断氨气、臭气的来源，有效降低动物粪便中的有害气体，优化生态养殖环境；对谷物的糠麸、花生秧（壳）、鲜鸡粪、牧草等进行发酵处理为饲料原料，降低饲养成本，提高经济效益。在应用产品时，均应按说明书科学使用。

第二节　猪的饲养标准

一、饲养标准的概念

饲养标准是根据大量饲养试验结果和家畜生产实践的经验总结，对各种特定家畜所需要的各种营养物质的定额作出的规定，这种系统成套的营养定额就称为饲养标准。

二、饲养标准的作用

饲养标准的用处主要是作为核计日粮（配合日粮、检查日粮）及产品质量检验的依据。通过核计日粮这个基本环节，对饲料生产计划、饲养计划的拟制和审核起着重要作用。它是计划生产和组织生产以及发展配合饲料生产，提高配合饲料产品质量的依据。无数的生产实践和科学试验证明，饲养标准对于提高饲料利用效率和提高生产力有着极大的作用。

三、我国猪通用饲养标准

我国猪通用饲养标准如表4-1所示。

表4-1　猪通用饲养标准

类别	0~7千克	7~ 15千克	15~ 30千克	30~ 60千克	60~ 90千克	妊娠 母猪	哺乳 母猪
消化 （兆卡/千克）[1]	3.4	3.4	3.3	3.2	3.2	3.1	3.1
粗蛋白质（%）	26	21	18	16	15	14	16
钙（%）	1.0	0.8	0.7	0.6	0.6	0.75	0.75
磷（%）	0.7	0.65	0.6	0.5	0.5	0.6	0.6

[1] 1兆卡=4.184兆焦耳。

第三节 猪的饲料配制

一、配合饲料

配合饲料是由饲料工厂按照科学配方生产出来的饲料产品，种类较多，按营养和用途的特点主要分为添加剂预混饲料、浓缩饲料、全价配合饲料和混合饲料，这是配合饲料产品的基本类型。添加剂预混饲料，是指用一种或多种微量添加剂，加上一定量载体或稀释剂经混合而成的均匀混合物；浓缩饲料，是为平衡配合饲料用蛋白质饲料、矿物质加上添加剂预混饲料混合而成的；全价配合饲料，是浓缩饲料加上能量饲料，其中包括饲料添加剂加载体或稀释剂的添加剂预混饲料，蛋白质和矿物质的浓缩饲料和能量饲料；混合饲料是初级配合饲料。

（一）添加剂预混饲料

添加剂预混饲料主要由常量矿物元素、微量矿物元素、多种维生素、氨基酸、促生长剂、抗氧化剂、防霉剂、着色剂、部分蛋白质饲料与载体均匀混合而成，是配合饲料的中间型产品，可供生产全价配合饲料及浓缩饲料使用，也可单独出售，但不能直接喂猪。在配合饲料中添加量一般为 $1\% \sim 5\%$，用量很少，但作用很大，具有补充营养、促进动物生长、防治疾病、改善动物产品质量等作用。添加剂预混饲料主要供给饲料厂使用，也可供给有条件的养猪场生产全价配合饲料或浓缩饲料。此外，添加剂预混饲料按活性成分组成种类进行分类，可分为高浓度单项预混饲料、微量矿物质元素预混饲料、维生素预混饲料、复合预混饲料等，可根据猪的不同生理阶段需要科学选择。

（二）浓缩饲料

浓缩饲料由蛋白质饲料、矿物质饲料（钙、磷和食盐）和添加剂预混饲料按配方要求均匀混合而成。

具体来说，浓缩饲料含有下列物质：矿物质，包括骨粉、石粉或贝壳粉；微量元素，包括硫酸铜、硫酸锰、硫酸锌、硫酸亚铁、碘化钾等；氨基酸；抗氧化剂；蛋白质饲料；多种维生素等。它是按照使猪生长快、发育良好、肉质好、营养价值高所需的营养标准进行计算，采用现代化的加工设备，将以上原料充分混合而制成的饲料。这种浓缩饲料也是饲料加工的半成品，不能直接用于喂猪。浓缩饲料一般占全价配合饲料的 10%～30%，营养成分浓度很高。

养殖户可用玉米等能量饲料掺入浓缩饲料制成全价掺入饲料，从而降低饲料成本，提高养殖业效益。浓缩饲料的特点在于准确供给蛋白质、维生素、微量元素、氨基酸等核心营养素，用户可根据自己养殖特点调整合适的配方，并不需要再添加其他添加剂，能满足猪对各种营养的需要。此外，饲料生产厂家可根据市场需要，生产出占全价配合饲料 5%～50% 的浓缩饲料。这种浓缩料可根据全价配合饲料营养需要，养猪户自行加入部分蛋白质饲料或能量饲料。

(三) 全价配合饲料

猪的全价配合饲料，是按照猪的营养需要和饲养标准，由能量饲料和浓缩饲料按配方要求配比均匀混合而成的，是能够满足猪营养需要的营养全价平衡日粮，可以直接用于喂猪。全价配合饲料的特点是具有营养价值的全面性和营养的合理性，以及饲料的配合性和适口性。因此，猪在饲喂和采食全价配合饲料时，必将充分发挥其生长潜力，加快生长速度，降低饲料消耗，降低饲养成本，获取更大经济收益。

在全价配合饲料中，能量饲料所占比例最大，占总量的 60%～70%；蛋白质饲料占 20%～30%；矿物质中钙、磷、食盐和微量元素营养物质，占 5%以下；氨基酸、维生素及非营养物质添加剂，一般不超过总量的 0.5%。

（四）混合饲料

混合饲料由能量饲料、蛋白质饲料、矿物质饲料经过简单加工混合而成，为初级配合饲料，主要考虑能量、蛋白质、钙、磷等营养指标，在许多农村地区常见。混合饲料可用于直接饲喂猪，效果高于一般饲料，用混合饲料喂饲的猪生长速度快，但易生病，抵抗能力差。

这种饲料能满足猪对能量、蛋白质、钙、磷、食盐等营养物质的需要；但未添加营养性和非营养性物质，如合成氨基酸、微量元素、维生素、抗氧化剂、驱虫保健剂等。这种饲料营养不全面，必须再搭配一定比例的青粗饲料或添加剂饲料，才能满足猪全面营养的需要。因此，科学配制营养全面的饲料，发挥饲料原料营养潜力，方可获得更大的经济效益。

（五）配合饲料类型

猪的配合饲料按形态可分为粉料、颗粒料和液体料 3 种类型。

1. 粉料

粉料是在饲料生产中应用最多的一种饲料形态。添加剂预混料和浓缩饲料必须是粉料，利于和其他饲料均匀混合；全价配合饲料既可以是粉料，也可以是颗粒料和液体料。饲料厂家生产的全价配合饲料大多数为粉料，只有仔猪和生长育肥猪喂饲颗粒料。

2. 颗粒料

颗粒料是在粉料的基础上加水或用黏合剂把粉料制作成颗粒状态。颗粒饲料营养分布均匀，营养全面，颗粒稳定性强。在喂饲中只能干喂，不能加水，否则失去颗粒的作用。颗粒料优点是易消化吸收，猪生长速度快，省工、省力、省时等；缺点是饲料成本高于粉料。

3. 液体料

液体料又称稀饲料，是用粉料加一定量的水，调和成均匀糊状。一般每 1 份粉料应配 3 份水，或者干物质浓度为 25% 即可。也可在料中加些蔬菜或野菜，增加多种维生素的同时，提高营养成分。实践表明，断奶后第 1 周的仔猪使用干物质浓度为 25% 的湿料，可以确保足够的养分吸收，但即便干物质浓度为 15%，猪也可以有效地利用液体料而不会有任何性能损失。液体料的优点是省料，降低饲养成本，延长饲养周期，提高猪肉品质，增加经济效益；缺点是延长了饲养周期。养猪户应根据实际需要进行选择。

二、饲料配制原则

饲料配方的设计涉及许多制约因素，为了对各种资源进行最佳分配，配方设计应基本遵循以下原则。

(一) 科学性原则

科学性是指营养全面且平衡，并符合猪的生理特点。猪因其品种、性别、生长阶段，饲养环境和生产目的的不同，对营养物质的需求也不同。例如，后备猪对能量的需求低于哺乳期母猪；种公猪参与配种，其精液形成需要大量的蛋白质，因此种公猪对蛋白质的需求较高；幼龄猪处于生长发育期，对蛋白质和维生素的需求高于成年猪。我国猪饲养标准规定了不同生产目的、不同生产阶段猪对营养的需求，应根据相应的猪饲养标准、饲料营养成分，以及营养价值表来配制饲料。此外，需要特别注意的是，饲养标准虽然是制订猪饲料配方的重要依据，但任一条件的改变都可能引起猪对营养需要量的改变，根据变化的条件，随时调整饲养标准中营养物质的含量是非常必要的。在营养平衡方面，尤其要注意必需氨基酸之间的平衡、齐全。

（二）经济性原则

在养猪生产成本中，饲料费用占很大比例，高达70%左右。所以，在配制饲料时，应尽量采用本地区生产的饲料原料，选择来源广泛、价格低廉、营养丰富的饲料原料，以最大限度地降低饲料成本。如用棉籽饼粕、菜籽饼粕、花生饼粕等部分替代豆粕；用肉骨粉部分替代鱼粉；用大麦、小麦、酒糟、糠麸等部分替代玉米；也可添加一定量的青绿饲料、优质牧草等，降低饲养成本。

（三）适口性原则

猪实际摄入的养分，不仅取决于配合饲料的养分浓度，还取决于采食量。判断一种饲料是否优良的一项重要指标就是适口性。如带苦味的菜籽饼或带涩味的高粱用得太多，饲料的适口性变差，从而影响猪的食欲，采食量降低，使仔猪的开食时间推迟，影响仔猪成活率。所以，在原料选择和搭配时应特别注意饲料的适口性。适口性好，可刺激食欲，增加采食量；适口性差，可抑制食欲，降低采食量，降低生产性能。

（四）安全性与合法性原则

按配方设计出的产品应严格符合国家法律法规及条例，如营养指标、感官指标、卫生指标、包装等。违禁药物及对动物和人体有害物质的使用或含量应强制性遵照国家规定。饲料是人类食物链上的一个重要环节，可以认为是人类的间接食品，因此，饲料的安全性对人类的健康具有重要意义。人类常见的癌症、抗药性和某些中毒现象等可能与饲料中的抗生素、激素、重金属等的残留有关。所以，在选择饲料原料时，应防止或限制采用发霉变质、有毒性的饲料。例如，花生饼易产生黄曲霉毒素；菜籽饼中含有芥子酸；棉籽饼中含有棉酚，有毒性的饼类饲料不宜在配合饲料中占较高比例，要求先去毒后使用。没有经过脱毒的饲料原料，应该限制其使用量；微量元素、食盐和添加剂预混饲料中的预防性药物必须按比例在配料时搅拌均匀，防止中毒。

在进行饲料配方设计时应正确掌握饲料原料和饲料添加剂的使用方法。尽量减少不必要的药物添加剂的使用，不要使用激素和其他违法违禁药物等，以确保饲料的安全。

（五）体积适中原则

配制饲料时，除了满足各种营养物质的需求外，还要注意饲料干物质的供给量，使饲料保持一定的体积。猪是单胃动物，胃容积相对小，对饲料的容纳能力有限，配制的饲料既要使猪吃饱，又要吃得下。因此，要注意控制粗饲料的用量和粗纤维的含量，通常幼猪饲料粗纤维含量应控制在4%以下，中等生长猪饲料粗纤维含量不超过6%，生长育肥猪不超过8%，妊娠母猪、哺乳母猪、种公猪和后备猪不超过12%。

三、饲料配制方法

饲料配制是规划计算各种饲料原料的用量比例。设计配方时采用的计算方法，有手工计算法和计算机规划法两种方法。手工计算法包括交叉法、方程组法、试差法，可以借助计算器计算；计算机规划法，主要是根据有关数学模型编制专门程序软件，进行饲料配方的优化设计，涉及的数学模型主要包括线性规划、多目标规划、模糊规划、概率模型、灵敏度分析、多配方技术等。下面重点介绍较为常用的交叉法。

交叉法又称四角法、方形法、对角线法或图解法。在饲料种类不多及营养指标少的情况下，采用此法较为简便。在饲料种类多及营养指标多的情况下，亦可采用本法。但计算时要反复进行两两组合，比较麻烦，而且不能使配合饲料同时满足多项营养指标。

（一）两种饲料配合

例如，以玉米、豆粕为主给体重 35～60 千克的生长育肥猪配制饲料。步骤如下。

第一步，查饲养标准或根据实际经验及质量要求制定营养需要量，35～60 千克生长肉猪要求饲料的粗蛋白质含量一般为 14%。经取样分析或查饲料营养成分表，设玉米的粗蛋白质含量为 8%，豆粕的粗蛋白质含量为 45%。

第二步，作十字交叉图（图 4-1），把混合饲料所需要达到的粗白质含量 14% 放在交叉处，玉米和豆粕的粗蛋白质含量分别放在左上角和左下角；然后以左方上、下角为出发点，各向对角通过中心作交叉，大数减小数，所得的数分别记在右上角和右下角。

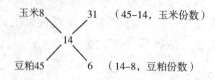

图 4-1　十字交叉图

第三步，上面所计算的各差数，分别除以这两个差数的和，即为两种饲料混合的百分比。

玉米应占比例＝31÷37×100%＝83.78%

检验：8%×83.78%＝6.7%

豆粕应占比例＝6÷37×100%＝16.22%

检验：45%×16.22%＝7.3%

6.7%+7.3%＝14%，因此，35～60 千克体重生长猪的混合饲料，由 83.78% 玉米与 16.22% 豆粕组成。用此法时，应注意两种饲料养分含量必须分别高于和低于所求的数值。

（二）两种以上饲料组分的配合

例如，要用玉米、高粱、麸皮、豆粕、棉籽粕、菜籽粕和矿物质饲料为体重 35~60 千克的生长育肥猪配成粗蛋白质含量为 14%的混合饲料。则需先根据经验和养分含量把以上饲料分成比例已定好的 3 组饲料。即混合能量饲料、混合蛋白质饲料和矿物质饲料。把混合能量饲料和混合蛋白质饲料当作两种饲料作交叉配合。方法如下。

第一步，先明确用玉米、高粱、麸皮、豆粕、棉籽粕、菜籽粕和矿物质饲料的粗蛋白质含量，一般玉米为 8.0%、高粱为 8.5%、麸皮为 13.5%、豆粕为 45.0%、棉籽粕为 41.5%、菜籽粕为 36.5%、矿物质饲料为 0。

第二步，将能量饲料类和蛋白质类饲料分别组合，按类分别算出能量饲料组和蛋白质饲料组粗蛋白质的平均含量。设能量饲料组由 60%玉米、20%高粱、20%麸皮组成，蛋白质饲料组由 70%豆粕、20%棉籽粕、10%菜籽粕构成。

能量饲料组的蛋白质含量为：$60\% \times 8.0\% + 20\% \times 8.5\% + 20\% \times 13.5\% = 9.2\%$

蛋白质饲料组蛋白质含量为：$70\% \times 45.0\% + 20\% \times 41.5\% + 10\% \times 36.5\% = 43.45\%$

矿物质饲料，一般占混合饲料的 2%，其成分为骨粉和食盐。按饲养标准食盐宜占混合饲料的 0.3%，则食盐在矿物质饲料中应占 15%［即（0.3÷2）×100%］，骨粉则占 85%。

第三步，算出未加矿物质饲料前混合饲料中粗蛋白质的应有含量。因为，配好的混合饲料再掺入矿物质饲料，等于变稀，其中粗蛋白质含量就不足 14%了。所以要先将矿物质饲料用量从总量中扣除，以便按 2%添加后混合饲料的粗蛋白质含量仍为 14%。即未加矿物质饲料前混合饲料的总量为 100%-2%=98%，那么，未加矿物质饲料前混合饲料的粗蛋白质含量应为：14÷98×100%＝14.3%。

第四步，将混合能量饲料和混合蛋白质饲料当作两种饲料，作十字交叉（图4-2）。

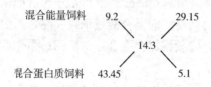

图4-2　两种饲料交叉

混合能量饲料应占比例＝29.15÷34.25×100%＝85.11%

混合蛋白质饲料应占比例＝5.1÷34.25×100%＝14.89%

第五步，计算出混合饲料中各成分应占的比例。即：玉米应占60%×85.11%×98%＝50.0%，依次类推，高粱占16.7%、麸皮16.7%、豆粕10.2%、棉籽粕2.9%、菜籽粕1.5%、骨粉1.7%、食盐0.3%，合计100%。

四、各类猪饲料配方参考

一般猪场都是自配饲料喂猪，当前配制猪饲料有3种途径：①一定比例各种谷物或农副产品+预混饲料；②除含蛋白质较高的饲料原料外的一定比例各种谷物或农副产品+浓缩饲料；③一定比例各种谷物或农副产品+市售的多种维生素+微量元素+酶制剂+香味素等。

（一）参考配方1

1.5~15千克仔猪饲料配方

玉米面27.5千克、小米（高粱米）5千克、麸皮2.5千克、豆饼10千克、白糖2千克、鱼粉3千克、食盐0.2千克和预混饲料0.25千克。

2.15~30 千克中猪饲料配方

玉米面 29 千克、高粱米 5 千克、麸皮 4 千克、豆饼 10 千克、鱼粉 1. 5 千克、骨粉 0. 5 千克、食盐 0. 25 千克和预混饲料 0. 25 千克。

3.30~60 千克育肥猪饲料配方

（1）玉米面 30 千克、豆饼 10 千克、细糠 9 千克、食盐 0. 25 千克、骨粉 0. 5 千克、贝壳粉 0. 5 千克和预混饲料 0. 25 千克。

（2）玉米面 27. 5 千克、豆饼 9 千克、麸皮 7. 5 千克、米糠 5 千克、骨粉 0. 5 千克、贝壳粉 0. 5 千克、食盐 0. 25 千克和预混饲料 0. 25 千克。

（3）玉米面 25 千克、秸秆粉 15 千克、豆饼 5 千克、炒黄豆粉 4 千克、骨粉 0. 5 千克、贝壳粉 0. 5 千克、食盐 0. 25 千克和预混饲料 0. 25 千克。

（4）玉米面 25 千克、炒黄豆粉 7. 5 千克、秸秆粉 16. 5 千克、骨粉 0. 5 千克、贝壳粉 0. 5 千克、食盐 0. 25 千克和速发剂 0. 25 千克。

（5）玉米面 20 千克、麸皮 7. 5 千克、炒黄豆粉 7. 5 千克、秸秆粉 7. 5 千克、骨壳粉 0. 5 千克、贝壳粉 0. 5 千克、食盐 0. 25 千克和预混饲料 0. 25 千克。

（6）玉米面 30 千克、米糠 10 千克、豆饼 8. 5 千克、鱼粉 1. 5 千克和预混饲料 0. 25 千克。

4.30 千克至出栏的大猪饲料配方

在 30~60 千克育肥猪饲料配方中，减去 2. 5 千克豆饼，加 2. 5 千克米糠或秸秆粉。出栏前 1 个月饲料配方：玉米 27. 5 千克、米糠 15 千克、豆饼 7. 5 千克和预混饲料 0. 25 千克。

（二）参考配方 2

1. 育肥前期（25~35 千克）配方

玉米 59%、麸皮 13%、花生饼（豆饼）15%、草粉（玉米秸、地瓜蔓、花生蔓、苜蓿粉和青草粉）5%、国产鱼粉6%、骨粉1.5%、食盐0.5%（咸鱼则不加盐，下同）。每千克料中加维生素0.2毫克。另加市售的含铜、锌、铁等元素的添加剂，混匀后饲喂。喂量为1~2千克/天。此配方饲料每千克含消化能3 108千卡、粗蛋白质17%、粗纤维4.35%、钙0.8%、磷0.7%、赖氨酸0.6%和蛋氨酸+胱氨酸0.66%。

2. 育肥中期（35~60千克）配方

玉米51.9%、麸皮24%、花生饼（豆饼）15%、草粉3%、国产鱼粉4.3%、骨粉1.3%、食盐0.5%，每千克料中加维生素0.2毫克。另加市售的含铜、锌、铁等元素的添加剂，混匀后饲喂。喂量为2~2.5千克/天。这种配方的饲料每千克含有消化能3 060千卡、粗蛋白质16.7%、粗纤维4.8%、钙0.6%、磷0.72%、赖氨酸0.6%和蛋氨酸+胱氨酸0.36%。

3. 育肥后期（60~90千克）配方

玉米65.2%、麸皮18%、花生饼（豆饼）10%、草粉3%、国产鱼粉2%、骨粉1.3%、食盐0.5%。每千克料中加维生素0.2毫克。另加市售的含铜、锌、铁等元素的添加剂，混匀后饲喂。喂量为2.5~3千克/天。这种饲料配方，每千克饲料含有消化能3 134千卡、粗蛋白质13.5%、粗纤维4.3%、钙0.58%、磷0.58%、赖氨酸0.48%和蛋氨酸+胱氨酸0.6%。

第一节　仔猪的饲养管理

仔猪包括哺乳仔猪和断奶仔猪两部分，从出生到断奶的仔猪称为哺乳仔猪；从断奶到 10 周左右的仔猪称为断奶仔猪。

一、哺乳仔猪的饲养管理

（一）吃足初乳

母猪分娩后 3~5 天内分泌的乳汁称为初乳。初乳中含有大量的免疫球蛋白，脂肪含量较高。吃足初乳是仔猪早期（仔猪自身能有效产生抗体之前，一般为仔猪出生后 4~5 周）获得抗病力最重要的途径之一。

仔猪刚出生后，活力较差，特别是一些体重小、体质弱的仔猪，往往不能及时找到乳头，尤其是在舍温较低的情况下，仔猪可能被冻僵，失去吮乳能力。因此，仔猪出生后，在擦干仔猪全身和断脐后，立即将仔猪放入保温箱内，待全部仔猪娩出后，立即进行人工辅助哺乳，也可随产随哺。若母猪无乳，应尽早将仔猪寄养出去，并保证仔猪能吃到寄养母猪的初乳。

在哺乳仔猪前，应先挤掉最初的几滴乳，因为这部分乳汁贮存时间较长，易受污染，仔猪食入后易导致下痢。

（二）固定乳头

为使同窝仔猪发育均匀，必须在仔猪出生后 2~3 天内，采用人工辅助的方法，促使仔猪尽快形成固定吸食某个乳头的习惯。

固定乳头的重点是控制体重大活力强、体重小活力弱的仔猪，中等大小的仔猪可自由选择中间的乳头。在每次哺乳时，先将体重小的仔猪固定在前面的几对乳头，对争抢乳头严重、乱窜乱拱的仔猪进行严格的控制。这种方法能够利用母猪乳头不同则泌乳量不同的规律，使弱小仔猪获得较大量的乳汁以弥补先天的不足，虽然后面的几对乳头泌乳量较少，但因仔猪健壮，拱揉、按摩乳房有力，仍可弥补后边的几对乳头泌乳量不高的缺点，从而使得同窝仔猪发育均匀。当窝内仔猪数较多时，可采用在背部标号、用隔板将仔猪分开等办法，有助于加快乳头的固定。

固定好乳头的标志是母猪哺乳仔猪时，全部仔猪都能在固定的乳头拱揉、按摩乳房，无强欺弱、大欺小、争夺乳头的现象，母猪放乳时，仔猪全部安静吮乳。

（三）保温

寒冷对仔猪的直接危害是冻死，同时又是压死、饿死和病死的诱因，因为仔猪遇低温时，体温降低、活力下降、行动迟缓、吮乳无力致使进食的初乳量少，最终将导致被压死、饿死或发病而死亡。仔猪最适宜的环境温度：0~3 日龄为 30~32 ℃，3~7 日龄为 28~30 ℃，以后每周约降 1 ℃直至 25 ℃。

保温的措施是单独为仔猪创造温暖的小气候环境。因为虽"小猪怕冷"，但"大猪怕热"。母猪的适宜温度是 15~20 ℃将整个分娩舍升温，母猪不舒服且会使泌乳量下降，目前普遍采用的保温措施是加设保温箱，内悬挂红外线灯或电热板。

（四）防压

在生产实践中，压死仔猪一般占死亡总数的 30%~40%，甚至高达 50% 左右，且多数发生在出生后 1 周内。

猪场应采取防压措施，具体如下。

（1）设置护仔栏。规模化猪场常采用带母猪限位架的高床网上分娩哺育栏，一般限位架长 210~230 厘米、宽 55~70 厘米、高 105 厘米，侧面最底端的栏杆距床面 20~25 厘米，可保证仔猪探头吮乳。由于护仔栏很窄，母猪躺卧的速度被迫放慢，因此，即使仔猪钻入母猪体下，也有足够的时间逃避。利用实体地面分娩圈时，可在产圈的一角设长 100 厘米、宽 60~70 厘米、与圈栏同高的护仔栏，内设保温箱，内悬挂红外线灯或电热板。仔猪出生后 1~3 日龄内，可在吃乳后将仔猪捉回保温箱，并将箱门封住，间隔 1 小时左右再将仔猪放出哺乳，训练仔猪养成吃乳后迅速回护仔栏内休息的习惯，从而实现母仔分居，防止母猪踩死、压死仔猪。

（2）加强产后护理。一旦发现母猪压住仔猪，应立即拍打其耳根，令其站起，救出仔猪。

（五）寄养、并窝

所谓寄养，就是将仔猪给另一头母猪哺育；并窝则是指把两窝或几窝仔猪合并起来，由一头母猪哺育。

在进行寄养、并窝以及调窝时，应遵循下列原则。

（1）寄养的仔猪，寄出前必须吃到足够的初乳，或寄入后能吃到寄养母猪足够的初乳，否则不易成活。

（2）通常将先出生的弱小仔猪寄养给刚分娩的母猪，这样可以保证仔猪吃到足够的初乳（既吃生母初乳，也吃寄养母猪初乳），又不至于使寄养母猪的乳腺变干（无仔猪吮乳的乳腺在母猪产后 3~4 天会变干）。寄入的仔猪与原窝仔猪日龄应接近，最好不要超过 3 天，否则往往会出现大欺小、强欺弱的现象，使弱小仔猪的生长发育受到影响。

（3）承担寄养任务的母猪，性情要温顺，泌乳量高且有空闲乳头。在寄入仔猪的身上涂抹寄养母猪的尿液，或往全群仔猪身上喷洒有气味的物质，如来苏尔、酒精等，以掩盖寄入仔猪的异味，减少母猪对仔猪的排斥，使寄入的仔猪尽快融入新的猪群。

（六）补充铁、硒等矿物质

如果不及时补充铁，仔猪体内的铁储量仅够维持 6~7 天，一般 10 日龄左右即出现因缺铁而导致的食欲减退、被毛粗乱、皮肤苍白、生长停滞等现象。因此，要求仔猪出生后必须及时补铁。目前普遍采用的方法是在仔猪出生后 2~3 天，肌内注射右旋糖酐铁或葡萄糖铁 150~200 毫克。如果仔猪生长较快，或吃料较晚，应在仔猪 14~20 日龄时再补铁 1 次。

缺硒易引发仔猪下痢，导致白肌病，严重时会导致仔猪突然死亡。缺硒地区应在仔猪出生后 3~5 日龄肌内注射 0.1%亚硒酸钠维生素 E 合剂 0.5 毫升，14~20 日龄时再注射 1 毫升。硒过量极易引起中毒，补硒时应予注意。

（七）保证清洁、充足的饮水

仔猪生长迅速、代谢旺盛、需水量较多，应从出生后 3 日龄起，为仔猪提供足量、清洁的饮水。若饮水供应不足，将致使其生长缓慢，还会导致仔猪喝脏水而引起下痢。

（八）开食补料

母猪泌乳高峰期是在产后 20~30 天，35 天以后明显减少，而仔猪的生长速度却越来越快，一般在仔猪出生后 3 周即出现仔猪营养需要量大与母乳供给不足的矛盾。为了保证仔猪 3 周龄后能大量采食饲料以弥补母乳营养供给的不足，一般应在出生后

5~7日龄诱导仔猪吃料。补料可以补充仔猪在出生后母乳不能满足的营养需要，从而有利于仔猪的生长发育；补料可以锻炼仔猪的消化道，断奶前补料越多，仔猪消化道发育越完善，从而可以减少消化不良、拉稀、下痢等的发生；适时补料也可以减少断奶后转料造成的仔猪应激。

补料可利用仔猪的探究行为和喜食香、甜食的习惯进行，或采取强制补料的方法。仔猪经训练后，20日龄左右大量采食饲料，进入旺食阶段。补料可采用自由采食或顿喂的方式。顿喂时，一般日喂次数最少5~6次，其中一次应放在夜间。

（九）预防下痢

下痢是哺乳仔猪最常发生的疾病之一，临床上常见黄痢和白痢，一般多发生在仔猪出生后1~3日龄、7~14日龄，严重威胁仔猪的生长和成活。引起发病的原因很多，多由受凉、日粮抗原过敏、消化不良和细菌感染等因素引起，因此，应有针对性地采取综合措施，如采用全进全出的生产方式，每次进猪前对分娩舍进行彻底消毒，日常保持分娩舍温暖、干燥、空气清新并进行定期消毒，母猪产前接种K88、K99大肠杆菌疫苗；保证泌乳母猪的日粮营养全价、组成稳定；保证仔猪日粮营养全面、易消化，在仔猪补料中添加酸化剂、抗生素、益生素等有助于预防仔猪下痢。

（十）适时去势

育肥用母猪不去势进行育肥对育肥效果影响较小，故母猪可不去势直接进行育肥。公猪若不去势进行育肥对育肥效果影响较大，且其肉具有腥臭味，因此，公仔猪必须去势后进行育肥。

仔猪出生后去势早对仔猪的生长速度和饲料利用率影响较小，需要考虑的因素是手术的难易，以及仔猪伤口愈合的快慢。仔猪日龄越大或体重越大，去势时操作越费力且创口愈合缓慢，故一般在 2~4 周龄对公仔猪进行去势。仔猪去势后，应给予特殊护理，防止仔猪互相拱咬创口，引起失血过多而影响仔猪的活力，并应保持圈舍卫生，防止创口感染。

二、断奶仔猪的饲养管理

（一）断奶

采用高床限喂栏分娩的猪场，多采用一次性断奶法；采用地面平养分娩的猪场，最好采用逐渐断奶或分批断奶，一般 5 天内完成断奶工作；小规模饲养方式的仔猪可一直饲养到出栏仍在原栏。

（二）合理分群

按强弱大小分栏饲养，每栏仔猪体重接近，按每头猪占 0.9 米^2 的面积计算每栏饲养头数。最多每栏在 15 头，过多拥挤易发生咬尾、咬耳现象，不利于猪的生长。

（三）喂料

断奶后 1 周内的仔猪要控制采食量，以喂八成饱为宜，实行少喂多餐（每天喂 4~6 次），逐渐过渡到自由采食，在不发生营养性腹泻的前提下，尽量让仔猪多采食。断奶后 7~10 天内，仍然喂给断奶前饲喂的乳猪料。乳猪料换为仔猪料时应有 5~7 天的过渡期，逐渐减少乳猪料的饲喂比例，直至完全饲喂仔猪料。

（四）饮水

应供给充足、清洁的饮水，自动饮水器高低应恰当，保证不断水，若无自动饮水器，饲槽内放清洁的水，刚进栏的猪可适当在饮水中加入多维电解质，抵抗应激反应。

（五）清扫

每日必须清扫 3~4 次栏舍，保持栏舍内干净卫生。夏天应在 9：00 左右冲刷猪舍，每周消毒 1 次。

（六）保温

断奶仔猪适宜温度 25 ~ 26 ℃。复式猪舍比较容易达到该温度，单列式猪舍要采取适当的措施保温。复式猪舍应注意通风。

（七）补硒

从市场上购买的仔猪，在第 10 天左右注射亚硒酸钠维生素 E，剂量为 1 毫升/头。

（八）去势

没有去势的准备育肥的仔猪，特别是小公猪，在进入保育舍后 7 ~ 10 天可以进行去势，母猪育肥可以不去势。

第二节　生长育肥猪的饲养管理

一、育肥猪的生长规律

仔猪阶段相对生长速度较快，随日龄增长逐渐减慢。日增重开始较少，后来增加，达到高峰后又逐渐下降。猪的育肥最好在 6 月龄内结束，此前增重最快，每千克增重耗料最少。

幼龄期长外围骨，中龄期长中轴骨和肌肉，稍后肌肉生长加快，最后脂肪生长加快，即所谓小猪长骨，中猪长肉，大猪长膘。生产实践中，应充分利用上述规律，仔猪阶段充分调动骨骼生长，育肥前期增加蛋白质供给，促进肌肉组织沉积，育肥后期适当减少能量摄入量，控制脂肪沉积，从而提高瘦肉率、降低生产成本。因为沉积瘦肉比沉积脂肪的利用率高，成本低。

二、生长育肥猪的育肥方法

（一）育肥方法的比较

目前，育肥方法大致可分吊架子育肥法和直线育肥法。这两种方法存在区别。

1. 饲养方面

直线育肥法没有明显的阶段性，而吊架子育肥法是先吊架子后催肥，有明显的阶段性。

2. 饲料方面

直线育肥法以精饲料为主，整个育肥期饲料变化不大，始终保持合理的营养水平，而吊架子育肥法在吊架子期以青绿饲料、精饲料为主，营养水平低，采用稀汤灌大肚的饲喂方法。

3. 育肥时期方面

直线育肥法采用的前期催肥方法，如仔猪断奶后到60千克前喂以富有蛋白质的能量饲料，这个阶段催肥催而不肥，反而促进猪的躯体迅速发育，肌肉丰满，多产瘦肉。吊架子育肥法是采用后期育肥法，当猪架子长成后，大量地喂给富含碳水化合物的谷物饲料，结果越催越肥，不利于瘦肉型猪生产。

两种方法各有优缺点，直线育肥法增重快、育肥期短、饲料利用率高，1年可养2茬猪，但需精饲料较多。吊架子育肥法增重慢、育肥期长，1年1茬猪，但充分利用大量的青绿饲料、精饲料，节约精饲料。生产实践证明，在经济效益上直线育肥法好于或高于吊架子育肥法。所以，用先进的直线育肥法代替传统的吊架子育肥法是今后提高出栏率、商品率，促进养猪生产发展的必然趋势。

（二）直线育肥法的准备工作

直线育肥前应做以下准备工作。

（1）修好猪舍。猪舍的大小应根据养猪的多少而定。一般养10头猪需12~16米^{2}的猪舍，平均每头猪占地面积1.2~1.6米^2，猪舍最好是砖瓦结构，水泥地面，冬季能扣暖棚，夏季半敞舍饲养，既能防寒又能防暑。

（2）备足饲料。开展直线育肥饲料是关键，直线育肥的肉猪，必须喂全价饲料，喂单一饲料达不到直线育肥的目的，一般1头猪1个育肥期5~6个月，需精饲料350千克左右。

（3）选好仔猪。从市场买仔猪要做到一问二选十看。一问是问这窝仔猪的父母是什么品种；二选是选择本窝猪个头大的猪；十看是：看食欲、看皮毛、看外貌、看鼻镜、看眼睛、看呼气、看咳嗽、看四肢、看粪便、看排尿。根据各部位异常现象来确定是否是健康仔猪。

（4）熟改生。熟改生是指熟食稀喂改为生食湿喂，这是猪饲养上的一项改革，也是养猪直线育肥法的核心内容。熟改生可以使饲料中的营养物质维生素免受高温破坏，可省人工、节省燃料、减轻劳动强度，节约饲料，相反，稀汤灌大肚养猪，影响唾液分泌，冲淡胃液对消化不利，大量水分需要排出体外，造成生理上的额外负担。生食湿喂按1∶1把料和水拌匀闷2~4小时。冬长、夏短，一般是饲喂前2小时拌料，猪自由采食20~30分钟后在饲槽内加水，让猪自由饮水，注意水的清洁，夏季凉水、冬季温水，这种喂法叫"湿拌料、饮清水"。规模化猪场实行干料饲喂，自由饮水。

（5）养大猪改为适宜出栏。肉猪出栏根据育肥期日增重和料肉比、屠宰后的屠宰率和瘦肉率、生产成本等3个方面。由于饲料在养猪成本中占比较大，所以日增重和料肉比在出栏体重上是首要指标。

三、育肥猪饲养管理要点

（1）驱虫。生猪在育肥前对幼猪要普遍进行体内驱虫和体外驱虱、驱疥癣，驱除体内寄生虫可使用伊维菌素、阿维菌素和左旋咪唑等药物。

（2）饮水。及时供给饮水，要保证猪随时可饮到清洁的水，在冬、春季最好给温水，夏季给凉水。喂料时应保持水槽不断水。

（3）饲料。育肥猪生长速度较快，必须供给营养丰富的配合饲料来满足猪快速生长的需求。

（4）饲养管理。要想在短时间内，用较少的饲料换取较快的增重，除了选好仔猪以及配合饲料与添加剂外，还要进行科学的饲养管理。

（5）生喂。生料由于未经加热，营养成分未遭破坏，因而用生料喂猪比用熟料喂猪效果好，可节省煮熟饲料的燃料，减少饲养设备，节约劳动力，提高增重率，节约饲料。

（6）干湿喂。饲料的喂法有干喂、稀喂和干湿喂等几种方法，不同喂法对猪的消化吸收有不同的效果。干喂的特点是省工，容易掌握喂量，促进唾液分泌，缺点是损失饲料较多。稀喂的优点是利于采食，损失饲料少，缺点是容易使猪形成水饱，影响消化和吸收，饲料的利用率不高，不利于猪的生长。干湿喂介于干喂和稀喂两者之间，猪进食的饲料比较多，胃液能很好地与饲料发生作用，消化吸收好，提高了饲料的利用率，猪生长快。

（7）定时定量法。喂猪要规定一定的次数、一定的时间和一定的数量，在规定的时间内投喂。究竟一天喂几次适宜，根据各户的具体情况而定。一般仔猪一天喂6次，中猪4~5次，育肥后期一天喂3次，使大猪有足够的时间睡眠，以减少活动，特别是夏季，避免中午最热时喂料。夏季可给猪适当补饲青草，对增重有利。一天中各餐的间隔时间应相等，每餐喂量保持适量和均衡，既不要使猪有饥饿感，也不要使猪吃得过饱，一般喂九成饱。7：00—9：00喂食最佳。

（8）自由采食法。采用该法能使猪的日增重多，胴体的背膘较厚，沉积脂肪较多，节省喂料时间和劳动力。如果要使每日增重尽量多，最好采用自由采食法；如果要获得瘦肉率高的胴体，采用定时定量饲喂比较好。在生长育肥前期让猪自由采食，在后期采用定时定量饲喂，这样既可使全期日增重高，又不致使胴体的脂肪太多，同时可以提高饲料转化率，节省饲料。

（9）先精后青，少放勤添。先喂精饲料后可以适当加喂青饲料，并要少放勤添，不可一次加多，防止青草采食过多引起胃肠不适、腹泻、拉稀。

（10）猪舍卫生。猪舍卫生与防病有密切的关系，必须做好猪舍的清洁卫生工作。猪舍要坚持每天清扫并及时将粪、尿和残留饲料运走。从仔猪开始，即训练其定点大小便。猪排粪尿喜欢寻找潮湿的地方，猪进栏时，把别的地方搞干净，而把预定排粪尿的地方放点水，猪就会在放水的地点排泄。如果猪没有在预定的地点排泄，就可以将它的粪铲放到预定地点，下一次猪排泄时，就排泄到预定地点。这样引导两三天，就能定点排泄了。

（11）舍温。一般 15~22 ℃是生长育肥猪的最适温度。当温度过高时，育肥猪就会烦躁不安、气喘、不愿进食。当温度过低时，育肥猪会相互拥挤，采食量增加，不但浪费了饲料，而且猪的体重下降。

（12）消毒制度。每隔一段时间，就要将猪舍用消毒液消毒1次。保持通风状况良好和足够的通风量。使空气清新，以降低氨气、硫化氢的浓度，避免浆膜性肺炎等呼吸道病的发生。

（13）饲养密度。合理的饲养密度不但能增加初期建筑投资的收益，而且还能避免猪只咬尾症的发生，提高增重率。猪的饲养密度可随着季节的变化加以调整。例如，在寒冷季节，每栏可多放养 1~2 头猪，在炎热的夏天，可减少 1~2 头，这样可产生较好的生产成绩。长白猪好斗，密度不宜过大，一般每头肥猪占到猪栏面积的 1 米² 左右，最好饲槽长度达到每头猪 35 厘米。

（14）商品肉猪的公母分饲。研究证明，在商品肉猪饲养中，阉公猪与小母猪分饲可给养猪者带来经济效益，对猪的生长性能、饲料效率和整齐度都会带来很大的好处。

第三节　公猪的饲养管理

一、公猪的选购

饲养公猪主要目的是与母猪配种，以期获得数量最多的优质的健康仔猪，为生猪生产提供仔猪来源。每头公猪可配 20~30 头母猪，一年可繁殖仔猪 300~450 头。如采用人工授精方式配种，每头公猪一年可繁殖仔猪 3 000~5 000 头，甚至达到万头后代。因此，在选择种公猪时，不论是本场生产的，还是外购的种猪，必须对种公猪的各方面进行综合考察，既要看种公猪体形外貌和生产性能表现资料，同时要查看祖先和同胞的产仔数、初生重、泌乳力、生长发育情况、饲料利用率、瘦肉率等多方面情况资料。

在选择公猪时应遵循以下原则或标准。

（1）在外购公猪时，首先应到正规种猪场购买公猪，了解和掌握购买种猪场或附近地区是否发生过疫情。如果发生过某种传染病，种猪再好也不买，以防带入传染性疾病，给猪场造成重大经济损失。

（2）查看系谱。选择公猪时首先要看种猪个体系谱情况。种猪记录不清、系谱混乱、无明显遗传优势的公猪建议不要买，如盲目购进种猪，易导致生产效率低、经济效益差的后果。

（3）公猪外形必须符合品种标准。

全身被毛短细、紧贴体躯，并富有光泽，皮肤薄而富有弹性。

头大小适中，额无皱纹，牙齿整齐；耳大小适中，薄而透明，耳静脉明显，眼睛明亮而有神，精神状态好。

头颈部接合良好，前躯发达，胸宽而深，背腰平直或呈弧形，切忌凹背，身腰长；后躯发育与前躯相称，臀部宽平而丰满，尾部长短适中，摇摆自由。

公猪腹部不下垂，也不过分上收；乳腺发育良好，乳头7对以上，两侧乳头对称，排列整齐，距离适中；无外乳头、瞎乳头和小乳头。

猪的体外部，无外伤、脓包、肿块、疝气、脱肛等疾病，无明显黑斑。

公猪四肢端正，无内、外向，无卧系、骨瘤和跛行等现象；行走时，后躯左右摇摆幅度小，四肢健壮有力。

睾丸左右对称，大小适中，阴囊紧缩不下坠；无隐睾、单睾和大尿脐子。生殖器官不正常的公猪予以淘汰。

有条件时，要检查公猪的精液质量。

（4）在外购买公猪时，应了解公猪体重20～90千克阶段的日增重、饲料利用率和活体测膘情况，这一指标对于公猪与后代的发展非常重要。

（5）选择公猪时，要查看公猪个体档案，要从产仔数量多（11头以上）的母猪后代中选择公猪，同胞母猪乳腺发育良好，体重达90千克时，每千克增重耗料在3.5千克以下，日龄在180天以内，活体膘厚在2.5厘米以下。

（6）公猪性情温顺，性欲特征明显，精力充沛，性机能旺盛、性欲高。对于无性欲的公猪，应予以淘汰。

根据上述原则或标准，按不同公猪品种需求进行选择，可获得较为理想的公猪。

二、公猪的繁殖特点

饲养公猪的目的是使公猪具有良好的精液品质和配种能力，完成配种任务。为了提高公猪的精液品质和数量，采取综合饲养技术措施，养殖人员必须了解和掌握公猪的生产特点。

公猪繁殖特点如下。

（一）射精量较大

公猪与母猪交配一次射精量可高达 500 毫升以上。以苏白猪公猪为例，交配一次射精量为 500~600 毫升，其中液体部分占总量的 80%，胶状物占 20%。

（二）交配时间较长

公猪交配时间一般为 5~10 分钟，长的多达 20 分钟。公猪一次射精过程可分成 3 段，各段的精液浓度不同。第 1 段射精持续时间为 1~5 分钟，射精量占总量的 5%~20%，精液里含有少量的尿液，带有微量尿色，含精子很少；第 2 段射精持续时间为 2~5 分钟，射精量占总量的 30%~50%，精液颜色为乳白色，含有大量的精子和胶状物质，此段精液品质最好；第 3 段射精时间为 3~8 分钟，射精量占总量的 40%~60%，精液稀薄，精子数量少，但胶状物含量较多。公猪交配时间长，射精量多，体力消耗大，因此要求公猪后肢坚实有力，腹部不能下垂；公猪喂料应少而精，营养全面。

（三）性情凶猛好斗

当公猪嗅到母猪气味时，表现焦躁不安；当公猪交配高潮时驱赶其与母猪分开，公猪表现反抗，甚至冲撞或咬人；群体公猪常会相互爬跨，有时阴茎磨损出血，有的公猪养成自淫行为，偶尔公猪相互打斗，严重者致伤、致残，甚至致死。

（四）影响公猪射精量的外界因素

影响公猪射精量的因素很多，除了品种、年龄因素外，还有饲养条件因素，如蛋白质、维生素、矿物质不足，运动量小，配种频率超负荷使用等因素，均会造成射精量减少、精子活力差、精子畸形等现象。

（五）公猪精液的化学组成

精液中水分含量约占97%，粗蛋白质占1.2%~2%，脂肪约占0.2%，灰分约占0.9%。其中粗蛋白质占干物质的60%以上。因此，公猪的饲料中需要丰富的营养物质。

三、公猪的科学饲养

依据公猪的体重、年龄、品种特点和配种利用程度，制订出饲养标准和饲料配方，实施定量喂饲，满足其营养需要。

（一）公猪的营养需要

1. 能量

应供给足够的能量满足公猪的营养需要。

2. 蛋白质

蛋白质对公猪的作用很大。实行季节配种后的公猪，日粮中应有15%~16%的蛋白质；常年配种的公猪，日粮中蛋白质可适当减少，但要做到常年均衡供应，最好在所供应的蛋白质中有适量的动物性饲料（如鱼粉、烘干的母猪胎衣）。

3. 维生素

公猪对维生素的需要虽不多，但维生素与公猪的健康和精液品质关系密切，因此，在公猪的日粮中应有适量的维生素A、维生素D、维生素E、维生素B_1、维生素B_2。有条件的猪场可常年适量供给青绿饲料，补充日粮中维生素的不足。

4. 矿物质

矿物质对公猪精液品质与健康影响较大，猪场应注意钙、磷、锌、硒等矿物质的供给。

（二）公猪的饲喂技术

（1）采用季节产仔下配种的猪场，在配种前45天要逐渐提高公猪营养水平，配种季节过后，应逐渐降低营养水平，但应供给维持种用体能的营养物质。

（2）种公猪日粮的体积应小些，一般占体重的 2.5%～3%，精饲料用量应比其他的猪要多些，青粗饲料的比例要小些，以免形成草腹，影响配种。

（3）种公猪的饲喂应定时、定量、定质；饲料更换时，要逐渐更换，不可突变，饲喂量应逐渐减少或增加。

四、公猪的日常管理

（一）创造适宜的环境条件

1. 公猪舍基本条件

公猪应饲养在阳光充足、通风干燥的圈舍里。每头公猪应单栏饲养，围栏最好采用金属栏杆、砖墙或水泥板，栏位面积一般为 6～7 米², 高度为 1.2～1.5 米，地面至房顶不低于 2.5 米；猪舍内要有完善的降温和取暖设施。

2. 适宜的温度和湿度

成年公猪舍适宜的温度为 18～22 ℃。冬季猪舍要防寒保温，至少要保持在 15 ℃，以减少饲料的消耗和疾病的发生。夏季高温期要防暑降温，因为公猪个体大、皮下脂肪较厚、汗腺不发达，高温对其影响特别严重，不仅导致食欲下降，还会影响性欲，易造成配种障碍或不配种，甚至中暑死亡。所以夏季炎热时，应每天冲洗公猪，必要时要采用机械通风、喷雾降温、地面洒水和遮阳等措施，使舍内温度最高不超过 26 ℃，相对湿度保持在 60%～75%。公猪配种时间在早晨或晚上温度较低时较为适宜。

3. 良好的光照

猪舍光照标准化对猪体的健康和生产性能有着重要的影响。良好的光照条件，不仅促进公猪正常的生长发育，还可以增强繁殖力和抗病力，并能改善精液的品质。公猪每天要有 8~10 小时光照时间。

4. 控制有害气体的浓度

如果猪舍内氨气、硫化氢的浓度过大，且持续的时间较长，就会使公猪的体质变差，抵抗力降低，发病率（支气管炎、结膜炎、肺水肿等疾病）和死亡率升高，采食量降低，性欲减退，造成配种障碍。因此，饲养员每天都应特别注意通风，还要及时清理粪便，每天打扫卫生至少 2 次，彻底清扫栏舍过道，全天保持舍内外环境卫生。

(二) 强化公猪单圈饲养管理

单圈饲养管理的好处是能为公猪营造安宁环境，减少外界环境干扰，保障猪的正常食欲，促进公猪正常生长发育。一般情况下，公猪在 3~4 月龄时就有性冲动，如不将其分开单独圈舍，极易相互爬跨、打斗和啃咬，影响休息，进而食欲降低，不利于公猪的正常生长发育。而且极易养成自淫和滑精情况，甚者因爬跨导致阴茎严重损伤，失去利用价值而被淘汰。因此，公猪一旦发现性成熟，应立即分离单圈饲养。安排公猪圈舍时，要离母猪圈舍远些，避免公猪因母猪的活动或声音而焦躁，不能很好地休息而影响食欲，甚至严重影响生长发育。公猪圈舍围栏（墙）相对高些，舍（围栏）、门要牢固，否则公猪越栏（墙）或拱坏门而出，四处逃窜，影响母猪或其他猪正常休息。

(三) 加强公猪运动

适量的运动，能使公猪的四肢和全身肌肉得到锻炼，减少疾病的发生，促进血液循环，提高性欲。如果运动不足，公猪性欲低下，四肢软弱，影响配种效果。有条件的话可以提供一个大的空地，以便于公猪自由活动。由于公猪好斗，所以一般都是让每头公猪单独活动。因此，最好建设环形运动场，对公猪做驱赶运动，这样可以同时使2~3头公猪得到锻炼。一般每天下午驱赶运动1小时，行程约1 000米，冬季可以在中午进行。在配种季节，应加强营养，适当减轻运动量；非配种季节，可适当降低营养，增加运动量。

（四）刷拭和修蹄

每天用刷子给公猪全身刷拭1~2次，可以保持公猪体外清洁，促进血液循环，减少皮肤病和体外寄生虫的存在，而且还可以提高精液质量，使公猪温顺、听从管教。在夏季的时候为了给公猪降温，也可每天给公猪洗澡1~2次。此外，还要经常用专用的修蹄刀为公猪修蹄，以免在交配时擦伤母猪。

（五）精液品质检查

公猪精液品质的好坏直接影响受胎率和产仔数量。而公猪的精液品质并不恒定，常因品种、个体、饲养管理条件、健康状况和采精次数等因素发生变化。在采用人工授精时必须对所用精液的品质进行检查，才能确定是否可用作输精。公猪射精量因品种、年龄、个体、两次采精时间间隔及饲养管理条件等不同而异。从外观看，精液呈乳白色，略带腥味。在配种季节即使不采用人工授精，也应每月对公猪检查两次精液，认真填写检查记录。根据精液品质的好坏，调整营养、运动和配种次数。因此，进行精液品质检查十分重要。

精液活力活动分为3种，即直线前进、旋转和原地摆动，以直线前进的活力最强。精子活力评定一般用十级制，即计算一个视野中呈直线前进运动的精子数目。100%为1.0级，90%为0.9

级，80%为 0.8 级，依次类推。活力低于 0.5 级者，不宜使用。

（六）完善饲养管理日程

公猪的饲喂、饮水、运动、刷拭、配种、休息应有一个固定时间，养成良好的生活习惯，以增进健康，提高配种能力。

（七）公猪科学的利用

在配种旺季，由于公猪少，而需要配种的发情母猪较多，这时候就要科学合理利用公猪。公猪一般利用年限为 3~4 年，初配年龄应掌握在 8~10 月龄，体重达到 110 千克时才可以参加配种。一般 1~2 岁的青年公猪，每 3 天配种 1 次；2~5 岁为壮年阶段，发育完全，性机能旺盛，为配种最佳时期。在营养条件较好的情况下，每天可配 1~2 次，最好是早、晚各 1 次，但每周要停配 1~2 天；5 岁以上的公猪进入衰老阶段，可每隔 1~2 天配种 1 次。所有配种时间都应在早饲或晚饲以前空腹进行，以免饱腹影响配种的效果。

（八）配种期间需要注意的事项

（1）配种时间应在采食 2 小时之后，夏季炎热天气应在早晚凉爽时进行。

（2）配种环境应安静，不要喊叫或鞭打公猪。

（3）配种员应站在母猪前方，防止公猪爬跨母猪头部，引导公猪爬跨母猪臀部，当后备公猪正确爬跨后，配种员应立即撤至母猪后方，辅助公猪，将其阴茎对准母猪外阴，顺利完成交配。

（4）交配后，饲养员要用手轻轻按压母猪腰部，防止母猪弓腰引起精液倒流。

（5）配种完毕后即把公猪赶回原舍休息，配种后不能立即饮水采食，更不要立即洗澡、喂冷水或在阴冷潮湿的地方躺卧，以免受凉患病。

（九）公猪疾病防治措施

公猪的疾病要遵守以预防为主，以治疗为辅的原则，每年进行各种疫病的疫苗防疫工作。如患睾丸炎、阴囊炎就会影响其配种，应及时采用中西药结合的方法进行治疗。

五、常用配种技术

常用的配种技术有自然交配和人工授精。

（一）自然交配

自然交配也称本交，是指发情母猪与公猪所进行的直接交配，通常分为自由交配和人工辅助交配。

1. 自由交配

自由交配是把公、母猪放在一起饲养，公猪随意与发情母猪交配。一般 15～20 头母猪放入 1 头公猪，让其自然交配。这种配种方式易造成公、母猪乱交滥配，母猪缺乏配种记录，无法推算预产期；公猪滥配，使用过度，影响健康。因此，养猪生产上已很少采用这种配种方式。

2. 人工辅助交配

人工辅助交配的公猪平时不和母猪混在一起饲养，而是在母猪发情时，将母猪赶到指定地点与公猪交配或将公猪赶到母猪栏内交配。当公猪爬上母猪背时，辅助人员用手把母猪尾拉开，另一手牵引公猪包皮引导阴茎插入阴道，然后观察公猪射精情况，当公猪射完精后，立即将公猪赶走，以免进行第 2 次交配。这种配种方式能合理地使用公猪。

配种可分为单次配种、重复配种、双重配种、多次配种单次配种指在一个发情期内，母猪只与 1 头公猪交配 1 次。重复配种指第 1 次配种后，间隔 8～12 小时用同一公猪再配 1 次，以提高母猪受胎率和产仔数。双重配种指在母猪的一个发情期内，用同一品种或不同品种的 2 头公猪，先后间隔 10～15 分钟各配种 1 次。此方法只适宜生产商品猪的猪场。多次配种指在母猪的一个发情期内，用同一头公猪交配 3 次或 3 次以上，配种时间分别在母猪发情后第 12、24、36 小时。为了保证高受精率，有条件的最好采用双重配种。

（二）人工授精

人工授精的优点很多，是规模化养猪必须掌握的一门技术。人工授精技术需要注意公猪采精调教、采精频率、公猪的射精时间和采精量、采集公猪精液流程、精液品质检查、精液稀释、精液保存和输精等。

1. 公猪采精调教

①调教的目的是引导公猪爬跨假母猪台。②后备公猪 7 月龄开始进行采精调教。③每次调教时间不超过 20 分钟。④一旦采精获得成功，分别在第 2 天、第 3 天再采精 1 次，对该技术进行巩固掌握。⑤采精调教可采用发情母猪诱导（让待调教公猪爬跨正在发情的母猪，爬上后立即把公猪赶下，赶走母猪，然后引导公猪爬跨假母猪台），观摩有经验的公猪采精，在假母猪台后端涂抹发情母猪尿液、发情母猪分泌物、成年公猪尿、成年公猪精液或成年公猪包皮液等刺激方法。⑥调教公猪要循序渐进、有耐心、不打骂公猪。⑦注意调教人员的安全。配种人员在公猪圈内或者轰赶公猪时要小心，防止公猪的头和嘴伤害人。如果站在公猪旁边时，一定要站在它的后面，周围没有障碍物，便于躲闪。如果人站在公猪前面，则要与公猪保持一定距离。

2. 采精频率

8～12 月龄公猪每周 1 次；12～18 月龄青年公猪每 2 周采 3 次；18 月龄后每周采 2 次。通常建议两次采精之间间隔 48～72 小时。所有采精公猪即使精液不用于人工授精时，每周也应采精

1次，以保持公猪性欲和精液质量。

3. 公猪的射精时间和采精量

因年龄、个体大小、采精技巧和采精频率变化很大，公猪完成1次射精最少需要5分钟，整个采精时间需要5~20分钟。正常情况下，1头公猪的射精量为150~300毫升，也有的会超过400毫升。

4. 采集公猪精液流程

（1）采精前准备。采精室要做到清洁、干燥，地面没有异物。采精室天棚采用铝扣板或塑钢板材，减少灰尘，并且每周清扫1次。采精人员头戴卫生帽，防止头发和皮屑脱落污染精液。化学制品（乳胶手套、水、肥皂、酒精等）、光（阳光、紫外线）和不适宜温度（热、冷）有损精子品质，应避免。采精员采精时戴手套，如徒手时必须严格消毒，防止精液交叉污染，同时采精员必须定期修剪指甲，防止指甲过长划破手套污染精液。在采集精液前，所有与精液接触的物品，包括手套、采精杯、精液分装瓶等全部要在恒温箱37 ℃预热，保证采精时精液与其接触物品的温度相差不高于2 ℃。

（2）清洁公猪。饲养员将待采精的公猪赶至采精栏，用温水将公猪的下腹部清洗干净，挤掉包皮积尿，清洗包皮后，用卫生纸把包皮彻底擦干净。

（3）采精员戴上消毒手套，蹲在假母猪台左侧，公猪爬跨假母猪台时用0.1%高锰酸钾溶液将公猪包皮附近洗净消毒。当公猪阴茎伸出时，用手紧握伸出的公猪阴茎螺旋状龟头，顺势将阴茎拉出，让其转动片刻，用手指由轻至紧紧握阴茎龟头不让其转动，待阴茎充分勃起时，顺势向前牵引，用手在螺旋部分的第1和第2脊处有节奏地挤压，压力要适当，不可用力过大或过小，直到公猪射精完成才能放手。这个动作模仿母猪子宫颈，形成了一个锁（指用手指呈环状握紧公猪阴茎），公猪即可射精。

（4）另一只手持带有专用过滤纸（或无菌纱布）的集精保温杯（瓶），杯（瓶）内放一次性采精袋收集浓精液，公猪第1次射精完成，按原姿势稍等不动，即可再次射精，直至完全射完为止。采精过程中前段精液和末段精液不要收集，前段精液几乎无精子，可能还会混有少量尿液；后段精液胶状物含量多并且精子含量少，也不宜收集。一般情况下仅收集乳状、不透明、富含精子的中段精液。精液采集后撤掉过滤纸，把采精袋扎好并立即盖上集精保温杯盖子。

（5）采集的精液应迅速放入恒温箱中，由于精液对低温十分敏感，特别是当新鲜精液在短时间内剧烈降温至10℃以下，精子将产生不可逆的损伤，这种损伤称为冷休克。因此在冬季采精时应注意精液的保温，以避免精子受到冷休克的打击不利于保存。集精瓶应该经过严格消毒、干燥，最好为棕色，以减少光线直接照射精液而使精子受损。由于公猪射精时总精子数不受爬跨时间、次数的影响，因此没有必要在采精前让公猪反复爬跨母猪或假母猪台提高其性兴奋程度。

5. 精液品质检查

（1）精液量。以电子天平称量精液，按1克=1毫升计。

（2）颜色。正常的精液是乳白色或浅灰白色，精子密度越高，色泽越浓，其透明度越低。如精液带有绿色或黄色是混有脓液或尿液的表现，如精液带有淡红色或红褐色是含有鲜血或陈血的表现，这样的精液应舍弃不用并针对症状找出原因，进行相应诊治。

（3）气味。精液略带腥味，如有异常气味，应废弃。

（4）精子活力检查。精子活力是指呈直线运动的精子百分率，在200倍或400倍显微镜下观察精子活力，原精液一般按

0~5分评分；稀释后的精液一般按百分制评分。一般要求原精活力在2分以上的精液可以进行稀释；稀释后精液活力在70%以上的精液进行分装；储藏精子活力在60%以上的精液可以使用。

（5）精子密度。精子密度指每毫升精液中所含的精子数，是确定稀释倍数和可配母猪头数的重要指标。精子密度过小会造成产仔数降低，密度过大将影响精液的保存期。精子密度检测的主要方法有显微镜观测法、白细胞计数法和光度仪测定法。

显微镜观测法操作简便，可与精子活力检查同时进行。在37℃环境下，用显微镜对没有稀释的原精液进行观察，根据精子的稠密程度确定精子密度。

白细胞计数法的设备比较简单，但操作繁杂、耗费时间。使用方法是用吸管吸取原精液滴入计数器上。

光度仪测定法可以准确测定精子密度，其原理是公猪精液样品的不透明度取决于精子数目，即精子密度越大，精液透光性越低。被测定的精液需滤去胶状物。

工作人员可根据实际情况选用测定精子密度的方法，如对公猪精液进行定期全面评估时可使用白细胞计数法和光度仪测定法，而平时生产时用显微镜观测法即可。

（6）精子畸形率。精子畸形率是指异常精子的百分率，一般要求精子畸形率不超过20%。畸形精子种类很多，如巨型精子、短小精子、双头或双尾精子、顶体膨胀或脱落精子、头部残缺精子、尾部分离精子、尾部弯曲精子。

（7）精液的pH值检查。正常精液的pH值为7.4~7.5。精液的pH值大小与精液的质量有关，pH值偏小说明其品质较好。常用的测定pH值的方法是pH试纸比色。

6. 精液稀释

（1）实验室内应保持地面、台面、墙面和天棚无尘土。精液稀释人员进入实验室必须更换工作服和鞋帽。每次用完采精杯、稀释杯、玻璃棒和稀释瓶要进行彻底清洗，清洗后用双蒸水润洗两次，然后根据仪器的性质进行高压或者干烤消毒。精液稀释必须用双蒸水或者去离子水进行，并且双蒸水和去离子水的保存期不能超过 1 个月。

（2）精液采集后应尽快在 30 分钟内稀释。精液稀释液也要提前至少 1 个小时放在 37 ℃水浴锅中预热，保证稀释液混合均匀。实验室的空调设置为 25 ℃最适宜。稀释液和原精的温差不得高于 2 ℃，否则将严重影响精液稀释后的精子活力。

（3）稀释时。将稀释液沿盛精液的杯壁缓慢加入精液中，然后轻轻摇动或用消毒玻璃棒搅拌，使之混合均匀。

（4）稀释倍数的确定。精子活力≥0.7 分的精液，每剂量精液的精子数目通常在 20 亿~60 亿个，每剂精液为 60~120 毫升。一般按每个输精剂量含 40 亿个总精子，输精量为 80 毫升确定稀释倍数。例如，某头公猪一次采精量是 200 毫升，活力为 0.8 分，密度为 2 亿个/毫升，要求每个输精剂量是含 40 亿个精子，输精量为 80 毫升，则总精子数为 200 毫升×2 亿个/毫升＝400 亿个，输精头份为 400 亿个÷40 亿个＝10 份，加入稀释液的量为 10 份×80 毫升−200 毫升＝600 毫升。

如果缺乏准确的密度资料，可根据下面的方法来稀释精液。精液和稀释液至少要按 1∶4 的比例稀释，但最多不能超过 1∶10，即如果有 100 毫升精液，其稀释后的精液容量不能超过 1 000 毫升。

（5）稀释后要求静置片刻，再进行精子活力检查，如果精子活力低于 70%，不能进行分装。

7. 精液保存

（1）精液稀释后，检查精液活力，若无明显下降，按每头份 80~90 毫升分装。贴上标签，标注采精日期、公猪号、失效期。

（2）稀释好的精液不要立即放入 17 ℃恒温箱中，要置于 22~25 ℃的室温（或用几层毛巾包被好）1 小时后（在炎热的夏季和寒冷的冬季，应特别注意本环节），再放置于 17 ℃恒温箱中。

（3）保存过程中要求每 12 小时将精液缓慢轻柔地混匀 1 次，防止精子沉淀而引起死亡。

8. 输精

（1）输精时间。断奶后 3~6 天发情的经产母猪，发情出现站立反应后 6~12 小时进行第 1 次输精配种；后备母猪和断奶后 7 天以上发情的经产母猪，发情出现站立反应，就进行输精配种。

（2）将待配种母猪赶入专用配种栏，使母猪在输精时可与隔壁栏的试情公猪鼻部接触，在母猪处于安静状态下输精。用 0.1%高锰酸钾溶液清洁母猪外阴、尾根及臀部周围，用干净卫生纸擦干净母猪的外阴。

（3）将输精管以 45°角向上插入母猪阴道内，输精管进入 10 厘米左右之后，感觉到有阻力时，使输精管保持水平，继续缓慢用力插入，直到感觉输精管前端被锁定（轻轻回拉不动）。

（4）缓慢摇匀精液，用剪刀剪去精液袋管嘴，接到输精管上，使精液袋竖直向上，保持精液流动畅通，开始输精。

（5）输精过程中，尽量避免使用用力挤压的输精方法，当输精困难时，可通过抚摸母猪的乳房或外阴、压背刺激母猪等方法，使其子宫收缩产生负压，将精液吸纳；如精液仍难以输入，可能是输精管插入子宫太靠前，这时需要将输精管倒拉回一点。

（6）输精时间最少要求 3 分钟，输完一头母猪后应在防止空气进入母猪阴道的情况下，把输精管后端一小段折起，使其滞留在母猪阴道内 3~5 分钟，再将输精管慢慢拉出。

（7）每头母猪在一个发情期内要求至少输精 2 次，2 次输精时间间隔 12 小时左右。

第四节　母猪的饲养管理

一、后备母猪的饲养管理

（一）后备母猪选择

后备母猪选自第 2~5 胎优良母猪后代为宜，体形符合本品种的外形标准，即生长发育好、皮毛光亮、背部宽长、后躯大、体形丰满、四肢结实有力、肢蹄端正。有效乳头应在 6 对以上、乳头排列整齐、间距适中、分布均匀、无瞎乳头和副乳头。外阴发育较大且下垂、形状正常。日龄与体重对称：出生体重在 1.5 千克以上，28 日龄断奶体重 8 千克，70 日龄体重达 15 千克，体重达 100 千克时不超过 160 日龄；100 千克体重测量时，倒数第 3 肋骨到第 4 肋骨离背中线 6 厘米处的超声波背膘厚在 2 厘米以下。

后备母猪挑选常分 5 次进行，即出生、断奶、60 千克体重、5 月龄左右（105~110 千克、初情期）、配种前逐步给予挑选。

（二）后备母猪饲养

后备母猪采用群养，以刺激其发情。30 千克以前小猪料饲喂，30~60 千克中猪料饲喂，60~90 千克大猪料饲喂，自由采食，90 千克以后限饲，约 2.8 千克/天。配种前半个月优饲。具体根据母猪膘情增减饲喂量。母猪发情第 2 次或第 3 次，体重达 120 千克以上配种。

（三）观察发情方法

每天进行 2 次发情鉴定，上、下午各 1 次。

1. 外部观察法

外部观察法主要是通过观察母猪的行为表现、精神状态和阴道排泄物等来确定是否发情和发情程度的一种方法。生产上，采用"一看、二听、三算、四压背、五综合"的鉴定方法，即一看外阴变化、行为表现、采食情况；二听母猪的叫声；三算发情周期和持续期；四进行压背试验；五进行综合分析。当外阴不再流出黏液，阴道黏膜由红色变为粉红色，母猪出现静立反射时，为输精较好时间。具体方法为：当母猪处于发情初期，表现不安，时常嚎叫，外阴稍充血肿胀，食欲减退，大约半天后外阴充血明显，略微湿润，喜欢爬跨其他母猪，也接受其他母猪爬跨。之后，母猪的交配欲望达到高峰，此时外阴充血更为明显，呈潮红湿润，如果有其他猪爬压其背部，则出现静立反射。

可根据上述方法综合鉴定母猪发情而适时配种，也可采用人工合成的公猪外激素对母猪喷雾，观察母猪的反应，具有很高的准确率。

2. 试情法

试情法是采用试情公猪来鉴定母猪是否进入发情期的一种方法。生产中，一般选用善于交流、唾液分泌旺盛、行动缓慢的老公猪或其他公猪，也可以采用母猪或育肥猪进行试情。为了防止试情过程中发生本交，试情用的公猪要经过相应的处理，如结扎输精管、戴上试情布等。

（1）公猪试情。把公猪赶到母猪圈内，如母猪拒绝公猪爬跨，证明母猪未发情；如主动接近公猪，接受公猪爬跨，证明母猪正在发情。

（2）母猪试情。将其他母猪或育肥猪赶到母猪舍内，如果母猪爬跨其他猪，说明正在发情；如果不爬跨其他母猪或拒绝其他猪入圈，则没有发情。

（3）人工试情。通常未发情母猪会躲避人的接近和躲闪人用手或器械触摸其外阴。如果母猪不躲避人的接近，也不躲闪人用手或器械接触其外阴，用手按压母猪后躯时，表现静立不动并用力支撑，说明母猪正在发情，应及时配种。

（四）适时配种

1. 配种时机

应在出现静立反应后，延迟 12~24 小时配第 1 次，再过 8~12 小时进行第 2 次配种。母猪配种后 21 天若不发情，即基本确认怀孕，转入怀孕期管理。

2. 配种方法

初次实施人工授精最好采用"1+2"配种方式，即第 1 次本交，第 2 次、第 3 次人工授精；条件成熟时推广"全人工授精"配种方式，并应由 3 次逐步过渡到 2 次。

3. 配种间隔

经产母猪：上午发情，下午配第 1 次，翌日上午、下午配第 2 次、第 3 次；下午发情，翌日上午配第 1 次，下午配第 2 次，第 3 日下午配第 3 次。断奶后发情较迟（7 天以上）的及复发情的经产母猪、初产后备母猪，要早配（发情即配第 1 次），间隔 8 小时后再配 1 次，至少配 3 次。

二、空怀母猪的饲养管理

空怀母猪除了青年后备母猪之外，是指未配或配种未孕的母猪，其中包括断奶后未配母猪，妊娠期间流产、死胎、无奶而并窝的母猪，超期未配母猪，配种未孕返情母猪，久配不孕母猪。

（一）断奶后未配母猪饲养管理

规模化猪场均采用 21 日龄或 28 日龄仔猪早期断奶技术。断奶母猪转入配种舍，要认真观察母猪发情、做好母猪配种和记录，采取有效措施，加强饲养管理，实行短期优饲，饲喂全价优质饲料，日喂料量为 2.5~3.2 千克，日喂 3 次，饮充足清洁水，要注意钙、磷和维生素 A、维生素 D、维生素 E 足量供应。断奶母猪在恢复栏，每圈饲养母猪 3~4 头为宜，每头占地面积要求 1.8~2 米^2，加强运动和接触阳光，多数母猪断奶后 3~10 天，早者 3~5 天就发情。所以，要求在断奶后第 3 天就开始检查母猪是否发情或将公猪驱赶到母猪附近，刺激母猪，使其尽快发情。母猪发情时要适时配种，对个别体瘦的母猪，要增加饲料量，要求在第 2 次发情时配种，提高受胎率和产仔数；对个别肥胖的母猪，采取限饲和增加运动，使其减膘，必要时注射人绒毛膜促性腺激素或孕马血清促性腺激素 80~1 000 单位，促进发情、配种。

（二）其他空怀母猪的饲养管理

未经哺乳的母猪，体力无消耗，营养物质储备较多，对这种母猪要进行限饲，加强运动，强壮猪体，避免过肥造成受孕困难。同时对配种后久不受孕的母猪，必须及时淘汰处理。

三、妊娠母猪的饲养管理

（一）早期妊娠诊断技术

随着集约化养猪业的发展，母猪早期妊娠诊断对提高母猪繁殖率和猪场的经济效益方面的作用越来越明显。对母猪妊娠作出及时而准确的判断，可以减少空怀，并对空怀的母猪进行补配，从而减少因无效饲养增加的饲料成本。

1. 超声波诊断

超声波具有频率高、波长短、声束有极好的方向性、在妊娠母体内传播过程中遇到不同声阻抗介质时会发生反射，以及遇到不同脏器时会发生多普勒效应等特性。动物妊娠的超声波诊断技术可分为超声示波诊断法、超声多普勒探查法和实时超声显像法。

2. 激素注射诊断法

母猪妊娠后会产生功能性黄体，当注射外源性血清促性腺激素和雌激素时，功能性黄体分泌的孕酮会抵消其产生的生理反应，使母猪不表现为发情。

3. 血浆孕酮测定法

未妊娠的母猪没有形成功能性的黄体，在下一发情周期会表现发情。在发情期的第 16 天左右外周血浆中孕酮浓度会下降。因此，可在配种后 16～24 天根据母猪外周血浆中孕酮浓度进行诊断。猪妊娠 22 天时孕酮含量一般在 5 毫克/毫升以上。

4. 血浆中硫酸雌酮浓度检测法

妊娠母猪血浆中硫酸雌酮前体物来自胚胎，在妊娠早期达到可测水平。在配种后 25～30 天妊娠母猪与未妊娠母猪血浆中硫酸雌酮含量水平存在显著的差别，以 0.5 纳克/毫升为界线作为判断妊娠与否的标准，妊娠母猪血浆中硫酸雌酮水平和胎儿个数呈正相关。

5. 尿液检测法

（1）尿液碘化检测法。在配种 10 天后，取母猪清晨的尿液 10 毫升放入玻璃杯中。加入 1 毫升 5%～7%碘酊，煮沸后如尿液自上而下出现红色，说明母猪已经妊娠。

（2）尿中雌激素诊断法。取母猪尿液 15 毫升，加入浓硫酸 3 毫升，然后加热到 100 ℃，5 分钟后冷却到室温，加入 15 毫升苯，振荡以后，把上层液体倒掉，分出雌激素层，然后加入浓硫酸 10 毫升，加热到 80 ℃，25 分钟以后观察，出现豆绿色荧光者为妊娠。

6. 血小板计数法

母猪配种后第 1 天血小板数会降低，到第 7 天后降到最低点，第 11 天回到正常水平。而未孕的母猪无此变化。此方法容易受到其他可能导致血小板数减少的疾病的影响。因此，检测前应排除这类干扰。

7. 检查阴道黏液法

取配种后 10 天母猪阴道黏液少许，放入试管中加适量蒸馏水摇匀，加热 1 分钟，如黏液呈云雾状，碎絮物悬浮于同质透明液中，说明母猪已妊娠。现在有一种排卵测定仪，在配种后 21 天左右可以通过检测动物阴道黏液的电阻变化检测动物是否发情，从而判断母猪是否妊娠。该仪器使用方便，只要把试管插入动物阴道读取数值即可。

8. 早孕因子检测法

早孕因子是目前最早确认妊娠的生化标志之一，对妊娠母体具有很高的特异性，母猪受精后 24 小时可在血清中检测到早孕因子活性，且在猪体内几乎持续整个孕期。一旦妊娠终止，血清中早孕因子立即消失。因此，早孕因子对母猪早期和超早期妊娠诊断有着重大的意义。现在检测早孕因子活性的经典方法是玫瑰花环抑制试验。

9. 阴道活组织检验法

阴道活组织检验法是通过刮取阴道前部的上皮细胞作组织切片，观察受孕酮影响的上皮细胞排列情况进行妊娠诊断。此法对配种后 18~25 天的母猪进行诊断，准确率可达 95%。

10. 外表观察法

母猪配种后如果妊娠会有一系列的外部表现，可以作为判断母猪妊娠的一种办法。一般妊娠母猪表现为性情温顺，食欲渐增、膘情好转，皮毛变得光亮紧凑，阴户下联合处逐渐收缩紧闭、明显地向上翘，阴道颜色由潮红色变为白色，并附有浓稠黏液、触之干涩而不润滑，配种后 21 天左右用手按压腰部不下塌反而上弓，也没有发情表现。

11. 公猪试情法

配种后 8~14 天，用性欲旺盛的成年公猪试情，若母猪拒绝公猪接近，并在公猪 2 次试情后 3~4 天始终不发情，可初步确定为妊娠。

除上述方法外，早期妊娠诊断技术还有掐压腰背部法、直肠检查法等，应用时应根据实际情况选择合适的方法，从而提高母猪的繁殖率和猪场的经济效益。

（二）推算预产期

在养猪生产过程中，母猪配种受孕后，要准确推算猪的预产期。由于某些原因，部分养猪户往往对母猪预产期推算不准，进而导致母猪临产期的饲养管理错位，造成不必要的经济损失。为避免这种情况发生，养殖人员可以采用计算法推算母猪预产期。只要记准最后一次配种日期，就可快速地知道母猪的预产期，以便采取相应的饲养管理措施。

母猪妊娠期一般为 114 天，受品种、年龄、气候、营养状况和饲养管理等因素的影响，预产期可能会提前或延后，但误差不会太大。母猪配种怀孕后，要准确推算预产期，贴在墙上或日历上，提示饲养员加强饲养管理，随时准备接产、助产，可有效地提高母猪产仔成活率。

推算孕猪预产期方法有两种：一是配种日期加 3 个月、3 周和 3 天，简称"三三三"，如 1 头母猪 4 月 20 日配种怀孕，则4+3（月）＝7（月），20+3（周）×7（天）+3（天）＝44（天），30 天计作一个月，故预产期为 8 月 14 日；二是配种怀孕日期月加 4，日减 6，如上例，怀孕 4+4＝8（月），20-6＝14（日），故预产期还是 8 月 14 日。

以上两种方法，无论查表还是计算，其结果都是一样的。需要说明的是 2 月是按 28 天设计的，如果经查表或推算得到的预产期落在闰年的 3 月 1 日至 6 月 23 日（闰年 2 月 29 日配种），其查表或推算所得到的预产日要减 1。如果减 1 得 0（也就是 3 月、4 月、5 月、6 月的 1 日），则产仔日是上月的最后 1 天。

（三）饲养管理的主要任务

母猪经过配种受胎以后，就成了妊娠母猪。母猪怀孕后，一方面，继续恢复前一个哺乳期消耗的体重，为下一个哺乳期积存一定营养物质；另一方面，要供给胎儿发育所需要的营养。对于初产母猪来说，还要满足身体进一步发育的营养需要。因此，母猪在怀孕期，饲养管理的主要任务是保证胎儿在母猪体内得到充分发育，防止化胎、流产和死胎。同时要保证母猪本身能够正常积存营养物质，使哺乳期能够分泌数量多、质量好的乳汁。妊娠母猪本身及胎儿的生长发育具有不平衡性，即有前期慢、后期快的特点。这是制订饲养管理措施的基本依据。

（四）妊娠母猪的饲养方式

按照妊娠母猪的特点和母猪不同的体况，妊娠母猪的饲养方式有以下 3 种。

1. 抓两头顾中间的喂养方式

这种方式适用于经产母猪。前阶段母猪经过分娩和泌乳，体力消耗很大，为了使母猪担负起下一阶段的繁殖任务，必须在妊娠初期就加强营养，使其尽早恢复体况。这个时期一般为 20~40 天。此时，除喂大量青粗饲料外，应适当给予一些精饲料，以后以青粗饲料为主，维持中等营养水平。到妊娠后期，即 3 个半月以后，再多喂些精饲料，加强营养，形成"高—低—高"的饲养模式。但后期的营养水平应高于妊娠初期的营养水平。

2. 前粗后精的饲喂方式

配种前体况良好的经产母猪可采用这种方式。因为妊娠初期，不论是母猪本身的增重，还是胎儿生长发育的速度，或胎儿体组织的变化，都比较缓慢，一般不需要另外增加营养，可降低日粮中精饲料水平，而把节省下来的饲料用于促进妊娠过程的进展，胎儿生长逐渐加快时再适当增加部分精饲料。

3. 步步登高的饲养方式

这种方式适用于初产母猪和泌乳期配种的母猪。这类母猪整个妊娠期的营养水平是按照胎儿体重的增长而逐步提高，到分娩前 1 个月达到最高峰。在妊娠初期以喂优质青粗饲料为主，以后逐渐增加精饲料比例。在妊娠后期多用些精饲料，同时增加蛋白质和矿物质。

现代养猪还可分限量饲喂、限量饲喂与不限量饲喂相结合的两种饲喂方式。前者是指按照饲养标准规定的营养定额配合日粮，限量饲喂；后者是指妊娠前期 2/3 时期采取限量饲喂，妊娠后 1/3 时期改为不限量饲喂，给予母猪全价日粮，任其自由采食。

四、分娩、哺乳母猪的饲养管理

分娩、哺乳母猪的饲养管理是母猪整个繁殖周期中的最后一个生产环节。这一阶段的饲养管理好坏，不仅影响仔猪成活率和断奶体重，而且对母猪下一个繁殖周期的生产有着显著影响。

（一）母猪分娩前的准备

1. 分娩舍的准备

根据推算的母猪预产期，在母猪分娩前 7~10 天准备好分娩舍。分娩舍要保温，舍内温度最好控制在 15~18 ℃。寒冷季节舍内温度较低时，应有采暖设备，同时应配备仔猪的保温装置（温度达 30 ℃左右）。应提前将垫草放入舍内，使其温度与舍温相同，要求垫草干燥、柔软、清洁，长短适中。炎热季节应注意防暑降温和良好通风环境，舍内相对湿度应控制在 65%~75%。母猪进入分娩舍前，要进行彻底的清扫、冲洗、消毒工作，清除过道、猪栏、运动场等的粪便、污物，墙壁、地面、圈栏、饲槽、用具等用 2%氢氧化钠溶液喷洒消毒，天棚等也可用百毒杀等药物进行消毒，猪舍彻底消毒后空置 1~2 天，最后用清水冲洗、晾干，方可将母猪转入产仔。

2. 妊娠母猪转入分娩舍

为使母猪适应新的环境，应在产前 5~7 天将母猪赶入分娩舍，如若过晚进入分娩舍，母猪精神紧张，影响正常产仔。在母猪进入分娩舍前，要清洗猪体腹部、乳房、阴户周围的污物，有条件的情况下冬天用温水，夏季用冷水，对母猪全身清洗，然后用百毒杀等消毒液进行猪体消毒，晾干后转入分娩舍。转入分娩舍最佳时间为早饲前空腹进行，母猪入分娩舍后再饲喂。

3. 用具准备

应准备好洁净的毛巾或拭布、剪刀、水盆、水桶、称仔猪的秤、耳号、耳号钳、记录卡、肥皂、5%碘酊、高锰酸钾、凡士林、来苏尔、缝合用针线等用品，以备接产时使用。

4. 母猪产前的饲养管理

视母猪体况投料，体况较好的母猪，产前 5~7 天应减少精饲料的 10%~20%，以后逐渐减料，到产前 1~2 天减至正常喂料量的 50%。但对体况较差的母猪不但不能减料，而且应增加一些营养丰富的饲料以利泌乳。在饲料的配合调制上，应停用干、粗、不易消化的饲料，而用一些易消化的饲料。在配合日粮的基础上，可应用一些青饲料，调制成液体料饲喂。产前可饲喂麸皮粥等轻泻性饲料，防止母猪便秘和乳房炎。产前1周应停止驱赶运动，以免造成死胎或流产。饲养员应有意多接触母猪，并按摩母猪乳房，以利于接产、母猪产后泌乳和对仔猪的护理。对带伤乳头或其他可能影响泌乳的疾病应及时治疗，不能利用的乳头或带伤乳头应在产前封好或治好，以防母猪产后疼痛而拒绝哺乳。

（二）接产技术

1. 分娩过程

临近分娩前，准备阶段以子宫颈的扩张和子宫纵肌及环肌的节律性收缩为特征。准备阶段初期，以每15分钟周期性地发生收缩，每次持续约20秒，随着时间的推移，收缩频率、强度和持续时间增加，一直到以每隔几分钟重复地收缩。在此阶段结束时，由于子宫颈扩张而使子宫和阴道成为相连续的管道，膨大的羊膜同胎儿头和四肢部分被迫进入骨盆入口，这时引起横膈膜和腹肌的反射性及随意性收缩，在羊膜里的胎儿即通过外阴。在准备阶段开始后不久，大部分胎盘与子宫的联系就被破坏而脱离。子宫角顶部开始的蠕动性收缩引起了尿囊绒毛膜的内翻，有助于胎盘的排出。在胎儿排出后，母猪即安静下来，在子宫主动收缩下使胎衣排出。一般正常的产仔间歇时间为5~25分钟，产仔持续时间依胎儿多少而有所不同，一般为1~4小时；在仔猪全部产出后10~30分钟，母猪便排出胎盘。胎儿和胎盘排出以后，子宫恢复到正常未妊娠时的大小，这个过程称为子宫复原。在产后几周内子宫的收缩更为频繁，收缩的作用是缩短已延伸的子宫肌细胞。在35~45天以后，子宫恢复到正常大小，而且更换了子宫上皮。

2. 产前征兆

母猪临产前在生理和行为上都发生一系列变化，掌握这些变化规律既可防止漏产，又可合理安排时间。因此，饲养员应注意掌握母猪的产前征兆，如腹部膨大下垂，乳房膨胀有光泽，两侧乳头外张，从后面看，最后1对乳头呈"八"字形，用手挤压有乳汁排出。一般初乳在分娩前数小时就开始分泌，但也有个别母猪产后才分泌。但应注意营养较差的母猪，其乳房的变化不是特别明显，要依靠综合征兆做出判断。母猪外阴松弛红肿，尾根两侧开始凹陷，并开始站卧不安、时起时卧，一般出现这种现象后6~10小时产仔。母猪频频排尿，侧卧，四肢伸直，阵缩时间逐渐缩短，呼吸急促，破水（外阴流出稀薄黏液），表明即将分娩。此时接生人员应用0.1%高锰酸钾溶液或2%来苏尔擦洗母猪外阴、后躯和乳房，准备接产。随着母猪努责频率加快，腹压加大，仔猪从产道产出。

3. 接生操作方法

仔猪产出时，头和前肢先出产道的称正生；两后肢先出产道的称倒生。

（1）仔猪正常产出。仔猪正常产出后，立即用干净毛巾擦净仔猪口鼻和全身体表黏液，减少因水分蒸发造成仔猪体温下降；如胎衣包裹仔猪时，应立即撕破胎膜，擦净仔猪口腔和鼻部黏液；遇到仔猪倒生时，接生人员要用手握住两后腿，协助拉出仔猪，防止因脐带中断而造成窒息死亡。

（2）断脐带。先将脐带内血液向腹部方向挤压，在距仔猪腹部4~5厘米处，用手指掐断或剪短脐带，将脐带断口处涂上碘酒消毒。如遇到脐带流血不止时，用手指掐住脐带断端一段时间即可止血。此法止血效果不佳时，可用线结扎脐带止血。

（3）仔猪编号和称重。按照各养猪场自己的编号方法，母猪打双号，公猪打单号，然后称初生重。将仔猪打的耳号、初生重、性别、公猪号、母猪号、出生日期等内容均填写在卡片上，同时做好母猪产仔登记。

（4）假死仔猪急救措施。有的仔猪生出来就停止呼吸，但心脏仍在跳动，这被称为假死。人工救治方法是先掏净仔猪口腔内黏液，擦净鼻部和身上黏液，然后采取以下急救的方法：一是倒提仔猪后腿，促使黏液从气管中流出，并用手连续拍打仔猪背部，直至发出叫声为止；二是用酒精或白酒擦拭仔猪的口鼻周围或针刺的方法急救使其复苏；三是将仔猪仰卧在垫草上，用两手握住其前后肢反复作屈伸，直至仔猪发出叫声恢复自主呼吸。

（5）难产处理方法。母猪破水后仍产不出仔猪，或产出数头仔猪后30分钟内只见努责不见产仔，均视为难产。处理难产时，可采取以下方法：一是肌内注射催产素3~5毫升，促使胎儿产出；二是接产人员用双手托住母猪的后腹部，随着母猪努责，向臀部用力推送，促使胎儿产出；三是看见仔猪头或腿时出时进，可用手抓住仔猪的头或腿轻轻拉出；四是将右手消毒，减去指甲，涂凡士林、石蜡或甘油等滑润剂，五指并拢成锥形，慢慢伸入产道，抓住胎儿适当部位，再随着母猪腹部收缩的节奏，徐徐将胎儿拉出产道。当掏出仔猪头后，如母猪转为正常产仔，就不用再继续掏；五是如采取以上措施后，仔猪还是产不出来，只能手术剖腹取胎。为避免产道损伤和感染，助产或手术后必须给母猪注射抗生素等抗炎症药物。

（6）清除污染垫草、杂物和胎衣。母猪正常分娩一般为2~3小时，仔猪全部产出后约30分钟开始排出胎衣（也有边产边排的），当胎衣排净后，立即清除污染垫草、杂物，更换新鲜垫草，用0.1%高锰酸钾溶液擦洗母猪腹部、外阴和后躯，用清水冲洗床面。

（三）母猪产后的饲养管理

1. 母猪产后尽快补充体液，恢复体力

母猪在产仔过程中体力消耗非常大，体液损失也多，因此产后要给母猪饮用加入少量盐的温水，最好在饮水中加入少量的豆粕水和麸皮，或用混合精饲料（或15粒花椒、4片鲜姜、7个去核大枣、60克红糖、1 500毫升水，煮沸后晾至常温，1次饮用）代替麸皮，以补充体液，恢复体力。此时饲养员要注意观察母猪的饮欲和食欲情况。若是母猪在产后2~3小时之内表现不吃不喝，体温稍微升高时，必须注射抗生素或其他抗炎性药物，防止产褥感染等疾病发生而影响泌乳和哺育仔猪。

母猪产仔第2天日喂料2次，每次给料量1千克，产仔第3天开始日增加料量0.5千克，产后1周后日喂足够饲料量，并根据母猪体况及带仔头数适当增减料量，日喂3~4次，自由饮水。

2. 加强母猪产后的饲养管理

（1）农户养猪可在哺乳母猪产后2~3天，将母猪赶到舍外运动场自由活动，有利于母猪恢复体力，帮助母猪消化和泌乳。分娩舍要保持安静、温暖、干燥、卫生、空气新鲜。产栏和过道，每2~3天消毒1次，防止发生子宫炎、乳房炎、仔猪下痢等疾病。

（2）哺乳母猪日粮结构要保持相对稳定，不要频变、骤变饲料品种，不喂发霉变质和有毒饲料，以免造成母猪中毒和乳质改变而引起仔猪腹泻。

（3）有些母猪因妊娠期营养不良，产后无奶或奶量不足，可喂小米粥、豆浆、小鱼虾汤、海带肉汤等催奶。对膘情好而奶量少的母猪，除喂催乳饲料外，同时应用药物催奶。如当归、王不留行、漏芦、通草各30克，水煎后配麦麸皮喂，每天1次，连喂3天。也可用催乳灵10片，1次内服。

（4）根据哺乳母猪泌乳特点及规律，加强饲养管理。母猪乳房结构特点是每个乳头有 2~3 个乳腺团，各乳头之间没有联系，乳房没有乳池，不能随时排乳，母猪产仔以后通过仔猪用鼻子拱乳头的神经刺激产生催乳素将乳排出。母猪每天泌乳 20~26 次，每次间隔时间为 1 小时左右，一般泌乳前期次数较多，随仔猪日龄增加泌乳次数减少。夜间比较安静，因此夜间的泌乳次数比白天多。母猪月泌乳量为 300~400 千克，日泌乳量为 5~9 千克，每次泌乳量为 0.25~0.4 千克，产仔后乳产量逐渐增加，一般从产后 10 天左右开始上升较快，平均 21 天达到泌乳高峰，以后逐渐下降。因此，为提高母猪的泌乳力，必须在母猪泌乳高峰到来之前，添加质量较好的精饲料，使泌乳高峰更高而且下降缓慢。同时也要在泌乳高峰下降之前，对仔猪进行补料，保证仔猪不会因母猪泌乳量下降而影响生长发育。

（5）保障饮水卫生及充足。哺乳母猪每天需要大量的饮水，水质要达到国家饮水标准，同时经常检查水嘴畅通情况，确保水源充足，水质优良、清洁。

（6）保持安静、清洁的环境。猪舍的环境清洁有利于仔猪和母猪健康，可避免消化系统、呼吸系统、皮肤血液循环系统等疾病，保障母猪的泌乳。因此，每天将圈舍打扫干净，定期消毒；饲槽经常清洗和消毒；禁止任何人员在猪舍内大声喧哗，更不可随意抓仔猪，禁止鞭打母猪；保证猪舍内无蚊蝇、无老鼠、无猫狗乱窜等，为哺乳母猪营造清洁、安静泌乳环境和仔猪生长环境。

（7）因猪而异，适时淘汰母猪。猪的泌乳量因其胎次、年龄不同有很大的变化，3~5 胎壮龄母猪泌乳量最高，6~7 胎以后的母猪逐渐下降，因此，一般小型猪场母猪产仔 8~10 胎以后淘汰；大型猪场母猪的淘汰率比较高，在一个生产周期中，母猪淘汰率一般在 15% 左右，有的高达 25%。

3. 哺乳母猪的营养需要与饲料配制

（1）营养需要。母猪在哺乳期间必须获得充足的营养，才能获得最大的泌乳量，使仔猪健壮、增重快，对母猪以后繁殖性能也奠定了基础。蛋白质、氨基酸、维生素和矿物质等营养物质是哺乳母猪的维持需要、泌乳需要和生长需要，特别是哺乳期间需要大量的能量。当哺乳母猪摄入的能量不能满足这 3 种需要时，母猪就动用自身能量储备进行泌乳。因此，应按哺乳母猪饲料标准进行喂饲。

（2）饲料配制。根据哺乳母猪营养需要和饲料标准，结合本地区饲料资源情况，制定和设计饲料配制方案。

（3）哺乳母猪日粮多样化。现代化养猪场或大型猪场养猪日粮均为全价配合饲料。如果有条件的中、小型猪场或农户养猪，适当喂些青绿饲料为好，以混合饲料、粗饲料、青绿饲料搭配饲喂，既营养丰富，又节约饲料成本。按科学饲养的方法，哺乳前期全价配合饲料占日粮总量的 90%，粗、干饲料占 2%～3%，青绿饲料占 1%～2%；哺乳中期全价配合饲料占 85%，粗、干饲料占 3%～5%，青绿饲料占 10% 左右；哺乳后期全价配合饲料占 65%～75%，粗、干饲料占 10% 左右，青绿饲料可占 20% 左右。日粮组成一旦固定，不要轻易改变，要有相对的稳定性。

第六章

猪常见疾病的防治技术

第一节 传染性疾病防治技术

一、猪瘟

猪瘟又称烂肠瘟，是由猪瘟病毒引起的一种急性、热性、接触性传染病。

（一）临床症状

潜伏期为5~7天。病猪发热，体温升高可达41 ℃左右，弓背，打冷战，扎堆取暖，精神沉郁，食欲减退或不食，眼结膜发红，有眼屎，走路摇晃不稳，常常伴有咳嗽。病初粪便干燥，后期腹泻。公猪包皮积尿，皮肤出现大小不一的紫色或红色出血点，指压不褪色，严重时出血点遍及全身。有的病猪出现神经症状，转圈或突然倒地、痉挛，甚至死亡。

（二）防治措施

本病目前尚无特效药物，防治主要靠免疫接种和综合防治措施。免疫接种可采用超前免疫方案，即在仔猪吃初乳前进行首次接种1~2头份，以后在20日龄、60~65日龄各注射1次；种猪每年春、秋季各免疫1次。发生疫情后，对疫区和受威胁区采用紧急接种，剂量增加至2~5头份。综合性防治措施，主要是采取自繁、自养，保持环境卫生。

二、猪痘

猪痘是一种急性、热性、接触性、病毒性传染病，多发生于4~6周龄的仔猪及断奶仔猪。猪舍潮湿卫生条件差、阴雨寒冷天气时易发此病。

（一）临床症状

本病的主要特征是皮肤上出现痘疱，其经过为发疹、丘疹、水疱、脓疱，最后形成痂皮而痊愈。

病初患病猪体温升高，精神不振，食欲减退，鼻眼有浆液性分泌物，以后在鼻盘、眼皮、肢内侧及下腹部等被毛稀少的部分出现深红色的结节，突出于皮肤表面，略呈半球状，表面平整（发疹期），然后逐渐变大，形成水疱（水疱期）。之后水疱中心呈褐色至茶褐色，周围呈红色的脓疱（脓疱期）。自然病例几乎观察不到水疱。最后，病灶表面凝固，形成暗褐色痂皮（结痂期）。痂皮脱落后，遗留白色疤痕而痊愈（痊愈期）。若病变部发痒时常摩擦致使水疱破裂，有浆液或血液渗出，局部黏附泥土、垫草，结成厚痂使皮肤如皮革状，病程因此可延长。发病猪几乎不死亡，但若有重度细菌感染和环境恶化时可出现死亡。

（二）防治措施

（1）本病目前尚无疫苗预防，康复猪可获得较强的免疫力。

（2）对病猪无有效的药物治疗，为了防止继发感染，可用敏感抗生素。局部病变可用0.1%高锰酸钾溶液洗涤，擦干后涂抹甲紫溶液或碘甘油等。

（3）加强饲养管理，保持良好的环境卫生，搞好灭虱、灭蝇、灭蚊工作。严禁从疫区引进种猪，一旦发病，应立即隔离和治疗病猪。猪皮肤上的结痂等污物，要集中一起堆积发酵处理，污染的场所要严格消毒。

三、非洲猪瘟

非洲猪瘟是由非洲猪瘟病毒引起的一种急性、致死性传染病，发病急、病程短、死亡率极高，其临床症状和病理变化和猪瘟相似，全身各器官有明显的出血现象。2018 年 8 月，我国首次暴发非洲猪瘟。

（一）临床症状

根据非洲猪瘟病毒的毒力、感染剂量、感染途径和猪群健康状况的不同，潜伏期有所差异，一般为 5～19 天，最长可达 21 天，临床症状可分为最急性型、急性型、亚急性型或慢性型。

最急性型在无明显临床症状表现时就突然倒地死亡。

急性型表现为发病猪群采食减少，体温高达 40～42 ℃，呼吸困难，眼鼻有浆液性或黏液性脓性分泌物，有的病猪眼黏膜潮红，渗出性出血，皮肤发红、发绀和出血，有时可见呕吐和腹泻，甚至血便。临床症状出现后 5～10 天内死亡，死亡率高达 100%。

亚急性型或慢性型多表现为关节肿大，跛行，皮肤溃疡，消瘦，妊娠母猪流产等，可能出现症状缓解或耐过猪，但在猪群健康度变低、环境改变、应激等条件下会发生病情加重甚至死亡等问题。病程长的猪胸腹部、会阴、四肢、耳朵等部位的皮肤常出现出血性坏死斑块。

（二）防治措施

对来自疫区的车、船、飞机卸下的肉食品废料、废水，应就地进行严格的无害化处理，不可用作饲料。不准从发病地区进口猪和猪产品，对进口的猪和猪产品进行严格检疫，以预防疫病的传入。猪群中发现可疑病猪时，应立即封锁；确诊之后，全群扑杀销毁，彻底消灭传染源；场舍、用具彻底消毒，该场地暂不养猪，改作他用，以杜绝传染。

在没有安全有效的非洲猪瘟疫苗保护易感猪只的情况下，防控非洲猪瘟只能依靠控制传染源与切断传播途径的猪场生物安全措施。实践证明，经过改造的生物安全设备设施与升级的生物安全流程，可以有效地减少非洲猪瘟的感染。

四、猪口蹄疫

口蹄疫是猪、牛、羊等偶蹄动物的一种急性、热性和接触传染性疾病，人可以感染，所以是一种人畜共患病。

(一) 临床症状

病猪初期体温升高到 40~41 ℃，减食或停食，继而蹄冠、趾间部发红，以后形成黄豆，蚕豆大小充满灰白色或黄色液体的水疱，水疱破溃后形成暗红色烂斑，病程为 1 周左右，无继发感染可康复，若继发细菌感染，则会出现局部化脓性坏死，蹄壳脱落。有些猪感染后鼻镜、口腔黏膜和乳房也出现水疱和烂斑。仔猪感染后，常因继发严重的心肌炎和胃肠炎而死亡。

(二) 防治措施

疫区和受威胁区可用灭活疫苗预防，肌内或后海穴注射。平时要加强检疫，发现疫情及时上报。病猪和同群猪一律扑杀作无害化处理，不准治疗，并严格封锁疫区，加强消毒，防止扩散。

五、猪丹毒

猪丹毒是由猪丹毒杆菌引起的一种急性、热性传染病，主要发生于 3~12 月龄猪，常为散发或地方性流行，有一定的季节性，北方以炎热、多雨季节多发，南方以冬、春季流行。

(一) 临床症状

猪丹毒通常分为急性败血型、亚急性疹块型、慢性关节炎型。

急性败血型：体温升高达 42 ℃ 以上，个别猪没有症状突然死亡，其他病猪表现发抖、呕吐，皮肤有红斑，指压褪色，病程 3~4 天，致死率达 80%~90%，不死者就转为慢性。刚断奶小猪表现为突然发病，出现精神症状，抽搐，倒地而死亡，病程在 1 天之内。

亚急性疹块型：体温升高 41 ℃，病情缓和，病后 2~3 天在背、颈、胸、腹、四肢外侧等处皮肤出现大小不等、形状不一的疹块，初为红色、指压褪色，后为紫红色、指压不褪色，这时体温开始下降，病情减轻，数日后，最多 2 周，病猪自行康复。

慢性关节炎型：一般由前两者转变而来，也有原发的，主要表现为慢性关节炎，慢性心内膜炎，皮肤坏死，四肢关节肿大、变形、疼痛和跛行，病程可达数月。

（二）防治措施

（1）加强饲养管理，做好定期消毒工作，增强机体抵抗力。定期用猪丹毒弱毒菌苗或猪瘟猪丹毒猪肺疫三联冻干疫苗免疫接种。仔猪在 60~75 日龄时皮下或肌内注射猪丹毒氢氧化铝甲醛菌苗 5 毫升，3 周后产生免疫力，免疫期为半年，以后每年春、秋季各免疫 1 次。

（2）治疗时，首选药物为青霉素，对败血症猪最好首先用青霉素注射剂，按每千克体重 2 万~3 万国际单位静脉注射，每天 2 次。

六、猪副伤寒

猪副伤寒又称猪沙门氏菌病，是由沙门氏菌属细菌引起仔猪的一种传染病。各种日龄猪均可感染本病，但多发生于断乳至 4 月龄的仔猪。一年四季均可发生本病，但以多雨潮湿的季节发生较多。

（一）临床症状

本病潜伏期为数天，或长达数月，与猪体抵抗力及细菌的数量、毒力有关。临床上分急性型、亚急性型和慢性型。

急性型又称败血型，多发生于断乳前后的仔猪，常突然死亡。病程稍长者，表现体温升高（41~42℃），腹痛，下痢，呼吸困难，耳根、胸前和腹下皮肤有紫斑，多以死亡告终。病程1~4天。

亚急性型和慢性型为常见病型。表现体温升高，眼结膜发炎并有脓性分泌物。初便秘后腹泻，排灰白色或黄绿色恶臭粪便。病猪消瘦，皮肤有痂状湿疹。病程持续可达数周，终至死亡或成为僵猪。

（二）防治措施

采取良好的兽医生物安全措施，实行全进全出的饲养方式，控制饲料污染，消除发病诱因，是预防本病的重要环节。对1月龄以上的仔猪肌内注射仔猪副伤寒弱毒冻干疫苗进行预防。病猪隔离饲养，最好根据药敏试验结果，选用敏感抗生素治疗。污染的圈舍用20%石灰乳或2%氢氧化钠消毒。治愈的猪仍可带菌，不能与无病猪群混养。

七、猪水疱病

猪水疱病是由一种肠道病毒引起的急性、热性、接触性传染病，临床上以口腔黏膜、蹄部、腹部和乳头皮肤发生水疱为特征。各种日龄、品种的猪均可发病。一年四季都可发生本病，但以冬、春季发生较多。

（一）临床症状

临床上一般将本病分为典型、温和型和亚临床型。

1. 典型水疱病

典型水疱病的水疱常见于主趾和附趾的蹄冠上。部分猪体温升高至 40~42 ℃，上皮苍白肿胀，在蹄冠和蹄踵的角质与皮肤接合处首先见到水疱。在 36~48 小时，水疱明显凸出，大小如黄豆至蚕豆不等，里面充满水疱液，继而水疱融合，很快发生破裂，形成溃疡，真皮暴露，形成鲜红颜色。病变常环绕蹄冠皮肤的蹄壳，导致蹄壳裂开，严重时蹄壳脱落。病猪疼痛剧烈，跛行明显。严重病例由于继发细菌感染，局部化脓，导致病猪卧地不起或呈犬坐姿势，用膝部爬行，食欲减退，精神沉郁。水疱有时也见于鼻盘、舌、唇和母猪的乳头上。仔猪多数病例在鼻盘上发生水疱。一般情况下，如无其他并发疾病，不易引起死亡，病猪康复较快，病愈后 2 周，创面可痊愈，如蹄壳脱落，则需要相当长的时间才能恢复。初生仔猪发生本病可引起死亡。有的病猪偶尔可出现中枢神经系统紊乱的症状，表现为前冲、转圈，用鼻摩擦或用牙齿咬用具，眼球转动，个别出现强直性痉挛。

2. 温和型水疱病

温和型水疱病表现为只有少数猪出现水疱，传播缓慢，症状轻微。

3. 亚临床型水疱病

亚临床型水疱病不表现任何临床症状，但能排出病毒。

(二) 防治措施

控制本病的重要措施是防止将病带到非疫区。不从疫区调入猪只和猪肉产品。运猪和饲料的交通工具应彻底消毒。泔水要经无害化处理后方可喂猪，猪舍内应保持清洁、干燥，平时加强饲养管理，减少应激，加强猪只的抵抗力。

加强检疫、隔离、封锁制度：检疫时应做到两看（看食欲和跛行），三查（查蹄、口、体温）。隔离应至少 7 天未发现本病方可并入或调出，发现病猪就地处理，对其同群猪同时注射高免血清，并上报、封锁疫区。封锁期限一般以最后一头病猪恢复后14 天才能解除，解除前应彻底消毒 1 次。

免疫预防：我国目前制成的猪水疱病灭活疫苗，平均保护率达 96.15%，免疫期 5 个月以上。在商品猪中应用，可控制疫情、减少发病，避免大的损失。

常用消毒药：0.5%农福、0.5%菌毒敌、5%氨水、0.5%次氯酸钠溶液等均有良好消毒效果。或将氧化剂、酸、去垢剂适当混合也能有效消毒。对于畜舍消毒还可用高锰酸钾、去垢剂的混合液。

八、猪伪狂犬病

伪狂犬病是由伪狂犬病病毒引起的多种家畜和野生动物的一种急性传染病。猪是该病毒的自然宿主和贮存者，仔猪和其他易感动物一旦感染该病，死亡率高达 100%。成年母猪和公猪多表现为繁殖障碍及呼吸道症状。本病一年四季都可发生，但以冬、春季和产仔旺季多发。

（一）临床症状

猪伪狂犬病的临床症状主要取决于感染病毒的毒力和感染量，以及感染猪的年龄。其中，感染猪的年龄是最主要的影响因素。与其他动物的疱疹病毒一样，幼龄猪感染伪狂犬病毒后病情最重。

新生仔猪感染伪狂犬病毒会引起大量死亡，临床上新生仔猪第 1 天表现正常，从第 2 天开始发病，3~5 天内是死亡高峰期，有的整窝死光。同时，发病仔猪表现出明显的神经症状、昏睡、呕吐、拉稀，一旦发病，1~2 天内死亡。剖检结果主要是肾脏布满针尖样出血点，有时可见肺水肿，脑膜表面充血、出血。15

日龄以内的仔猪感染本病，病情极严重，发病死亡率可达100%。仔猪感染伪狂犬病毒会突然发病，体温上升达41℃以上，精神极度委顿，发抖，运动不协调，痉挛，呕吐，腹泻，极少康复。断奶仔猪感染伪狂犬病毒，发病率在20%~40%，死亡率在10%~20%，主要表现为神经症状、拉稀、呕吐等。成年猪一般为隐性感染，若有症状也很轻微，易于恢复。主要表现为发热、精神沉郁，有些病猪呕吐、咳嗽，一般于4~8天内完全恢复。怀孕母猪可发生流产、产木乃伊胎或死胎，其中以死胎为主，无论是头胎母猪还是经产母猪都发病，而且没有严格的季节性，但以寒冷季节即冬末春初多发。

伪狂犬病的另一发病特点是种猪不育症。母猪屡配不孕，返情率高达90%。此外，公猪感染伪狂犬病毒后，表现出睾丸肿胀、萎缩，丧失种用能力。

（二）防治措施

目前，对该病没有特效药物可以治疗。主要应以预防为主，对新引进的猪要进行严格的检疫，引进后要隔离观察、抽血检验，对检出阳性的猪要隔离、淘汰。猪场定期严格消毒，最好使用2%的氢氧化钠溶液或酚类消毒剂。猪场内严格灭鼠。

九、猪流行性感冒

猪流行性感冒是由猪流行性感冒病毒所引起的一种急性、高度接触性、传染性的呼吸道疾病，以突然发生、迅速传播为特征。

（一）临床症状

病猪体温突然升到40~41.5℃，精神不振，食欲减退，结膜呈树枝状充血，咳嗽，腹式呼吸，鼻镜干燥，眼、鼻流黏液性分泌物，粪便干硬。随病情发展，病猪精神高度沉郁，蜷腹吊腰，低头呆立，喜横卧圈内。整个猪群迅速感染，病猪多聚在一起，扎堆伏卧，呼吸急促，咳嗽声接连不断。病程一般为5～7天，如无其他疾病并发，通常发病后5～7天快速痊愈；如有继发感染，病情加重，可导致死亡。

（二）防治措施

（1）因我国目前尚无猪场专用预防本病的有效疫苗，本病主要依靠综合措施进行控制，同时还要注意严格的生物安全。A型流感病毒存在种间传播，因此，应防止猪与其他动物，尤其是家禽的接触。

（2）发病时，应立即隔离病猪，加强护理，给予抗生素治疗，防止继发感染，对病猪用过的猪舍、饲槽等应进行严格消毒。

（3）平时应注意饲养管理和卫生防疫工作。在阴雨潮湿、秋冬气温发生骤然变冷时，应特别注意猪群的饲养管理和猪舍保温，保持猪舍清洁、干燥，避免受凉和过分拥挤。

十、流行性乙型脑炎

流行性乙型脑炎又称日本乙型脑炎，是由流行性乙型脑炎病毒引起的一种人畜共患传染病。蚊子是本病的传播媒介。各种日龄猪均可发病。

（一）临床症状

病猪突然发病，体温升高至41℃左右，呈稽留热，喜卧，食欲下降，饮水增加，尿深黄色，粪便干结混有黏液膜。部分病猪出现神经症状，后肢轻度麻痹或关节肿胀疼痛而出现跛行。妊娠母猪患病后常发生流产，出现死胎或木乃伊胎。患病公猪常发生睾丸炎，多为一侧性，初期睾丸肿胀，触诊有热痛感，数日后炎症消退，睾丸渐渐缩小、变硬，性欲减退，精液品质下降，失去配种能力而被淘汰。

（二）防治措施

本病防治要从消灭传播媒介、猪群的免疫接种等方面入手。

1. 消灭蚊虫

这是防控本病流行的根本措施。要注意消灭蚊幼虫滋生地，疏通沟渠，填平洼地，排出积水。

2. 免疫接种

后备母猪配种前应进行基础免疫，每年应在蚊虫流行前1个月（一般在4月初）进行乙型脑炎弱毒疫苗免疫注射，间隔2周再注射1次（或7月再免疫1次）。

3. 隔离病猪

猪圈、用具及被污染的场地要彻底消毒。死胎、胎盘和阴道分泌物都必须妥善处理。

十一、猪繁殖与呼吸综合征

猪繁殖与呼吸综合征又称猪蓝耳病，是由猪繁殖与呼吸综合征病毒引起的一种高度传染性疾病，本病以妊娠母猪的繁殖障碍（流产、死胎、木乃伊胎）及仔猪的呼吸困难为特征。

（一）临床症状

本病临床症状以母猪的繁殖障碍和仔猪的呼吸困难为主。

1. 繁殖母猪

经产或初产母猪精神沉郁、食欲减退或不食、发热（40~41 ℃），少数母猪耳部、鼻盘、乳头、尾部、腿部、外阴等部位皮肤发紫，或见肢体麻痹，出现上述症状后，妊娠中后期的母猪发生流产、早产、产死胎、弱胎或木乃伊胎。弱胎生后不久即出现呼吸困难，一般24小时内死亡；或发生腹泻，脱水死亡；耐过猪生长迟缓。

2. 种公猪

在急性发作的第 1 阶段，除厌食、精神沉郁、呼吸道临床症状外，公猪可能缺乏性欲和不同程度的精液质量降低。

3. 断奶前仔猪

几乎所有早产弱猪在出生后的数小时内死亡。多数初生仔猪表现为耳部发绀，呼吸困难，打喷嚏，肌肉震颤，嗜睡，后肢麻痹。吃奶仔猪吮乳困难，断奶前死亡率增加。

4. 断奶仔猪和育肥猪

断奶仔猪可表现为厌食、精神沉郁、呼吸困难、皮肤发绀、皮毛粗糙、发育迟缓及同群个头差异大等。育肥猪通常仅出现短时间的食欲缺乏、轻度呼吸系统症状及耳朵等末梢皮肤发绀现象。但在病程后期，断奶仔猪和育肥猪常常由于多种病原的继发感染（败血性沙门氏菌、链球菌性脑膜炎、支原体肺炎、增生性肠炎、萎缩性鼻炎、大肠杆菌病、疥螨等）而导致病情恶化，死亡率增加。

（二）防治措施

预防本病的主要措施是清除传染源、切断传播途径。购猪、引种前必须检疫，确认无该病后方可引进，新引进的种猪要隔离。规模化猪场应彻底实行全进全出，至少要做到分娩舍和保育舍两个猪舍的全进全出。淘汰发病或带毒母猪。隔离饲养感染后康复的仔猪，育肥出栏后圈舍及用具应及时彻底消毒后再使用。坚决淘汰感染发病的种公猪。注意保持通风良好，经常消毒，防止本病的空气传播。

十二、猪传染性萎缩性鼻炎

猪传染性萎缩性鼻炎是由支气管败血波氏杆菌和产毒多杀性巴氏杆菌引起的一种慢性呼吸道传染病，以猪鼻甲骨萎缩、鼻部变形及生长迟滞为主要特征。各种年龄猪均易感，其中 2~5 月龄猪多发，只有生后几天至几周的仔猪感染后才会出现鼻甲骨萎缩，较大的猪发生卡他性鼻炎和咽炎，成年猪多为隐性感染。

（一）临床症状

受感染的猪出现鼻炎症状，打喷嚏，呈连续或断续性发生，呼吸有鼾声。猪只常表现不安定，用前肢搔抓鼻部，或鼻端拱地，或在猪圈墙壁、饲槽边缘摩擦鼻部，并可留下血迹；从鼻部流出分泌物，分泌物先是透明黏液样，继之为黏液或脓性物，甚至流出血样分泌物，或引起不同程度的鼻出血。

在出现鼻炎症状的同时，病猪的眼结膜常发炎，从眼角不断流泪。由于泪水与尘土沾积，常在眼眶下部的皮肤上，出现一个半月形的泪痕湿润区，呈褐色或黑色斑痕，故有"黑斑眼"之称，这是具有特征性的症状。

有些病猪在鼻炎症状发生后几周，症状渐渐消失，并不出现鼻甲骨萎缩。大多数病猪，进一步发展引起鼻甲骨萎缩。当鼻腔两侧的损害大致相等时，鼻腔的长度和直径减小，使鼻腔缩小，可见到病猪的鼻缩短，向上翘起，而且鼻背皮肤发生皱褶，下颌伸长，上下门齿错开，不能正常咬合。当一侧鼻腔病变较严重时，可造成鼻子歪向一侧，甚至成 45°歪斜。由于鼻甲骨萎缩，致使额窦不能以正常速度发育，以致两眼之间的宽度变小，头的外形发生改变。

病猪体温正常。生长发育迟滞，育肥时间延长。有些病猪由于某些继发细菌通过损伤的筛骨板侵入脑部而引起脑炎。发生鼻甲骨萎缩的猪群往往同时发生肺炎，并出现相应的症状。

（二）防治措施

引进猪时做好检疫、隔离，淘汰阳性猪。同时，改善环境卫生，消除应激因素，猪舍每周消毒 2 次。疫病常发区可应用猪传染性萎缩性鼻炎油佐剂二联灭活菌苗，妊娠母猪应在产前 25~40 天进行 1 次颈部皮下注射 2 毫升，仔猪于 4 周龄及 8 周龄各注射 0.5 毫升。治疗可使用链霉素、土霉素及磺胺类药物，或根据药敏试验结果，科学使用抗生素。

第二节　寄生虫疾病防治技术

一、猪球虫病

猪球虫病是一种由艾美耳属和等孢属球虫引起的以仔猪腹泻、消瘦及发育受阻，成年猪多为带虫者为特征的疾病。

（一）临床症状

猪球虫病多见于仔猪，可引起仔猪腹泻。成年猪多为带虫者，是该病的传染源。猪球虫的种类很多，但对仔猪致病力最强的是猪等孢球虫。3 日龄的乳猪和 7~21 日龄的仔猪多发，主要临床症状是腹泻，持续 4~6 天，粪便呈水样或糊状，显黄色至白色，偶尔由于潜血而呈棕色。有的猪主要临床表现为消瘦及发育受阻。

（二）防治措施

（1）预防。搞好环境卫生：保证分娩舍清洁，及时清除粪便，彻底进行消毒。应限制非接产人员进入分娩舍，防止由鞋或衣服带入卵囊；大力灭鼠，以防鼠类机械性传播卵囊。

（2）治疗。可试用 5% 百球清混悬液治疗猪球虫病，剂量为每千克体重 20~30 毫克，口服，可使仔猪腹泻减轻，粪便中卵囊减少，必要时可肌内注射磺胺 - 6 - 甲氧嘧啶钠，可提高治疗效果。

二、猪蛔虫病

猪蛔虫病是由猪蛔虫引起的一种寄生虫病，主要危害 3～6 月龄的仔猪，造成生长发育不良、饲料消耗和屠宰内脏废弃率高，严重者可引起死亡。

（一）临床症状

病猪一般表现为被毛粗乱，食欲缺乏，发育不良，生长缓慢，消瘦，黄疸，消化机能障碍，磨牙，采食饲料时经常卧地，部分猪咳嗽，呼吸短促，粪便带血，严重时常从肛门处排出成虫。

（二）防治措施

搞好猪群及猪舍内外的清洁卫生和消毒工作。清除猪舍的感染性虫卵，母猪转入分娩舍前要清洗消毒，使猪群生活在清洁干燥的环境中。保持饲料新鲜，饮水清洁干净，减少寄生虫繁殖的机会。要定期按计划驱虫，规模化猪场首先要对全场猪驱虫，以后公猪、母猪每 3～4 个月用伊维菌素驱虫 1 次，仔猪转群时驱虫 1 次，新进的猪驱虫后再和其他猪并群。药物驱虫使用伊维菌素或阿维菌素（每千克体重 0.3 毫克，1 次口服），左旋咪唑（每千克体重 8 毫克，1 次拌料喂服）等药物。对粪便进行集中发酵和无害化处理，以杀灭虫卵。

三、猪肺线虫病

猪肺线虫病是由猪肺线虫寄生于猪的支气管和细支气管而引起的一种线虫性肺炎。由于虫体呈丝状，故又称猪肺丝虫病。

（一）临床症状

主要症状为病猪阵发性咳嗽，呼吸急促，贫血，消瘦。常因幼虫移行带入病原菌，并发流行性感冒和病毒性肺炎。

（二）防治措施

（1）猪舍应建在干燥和地形较高的地方，避免潮湿和蚯蚓的滋生。要定期按计划驱虫。猪粪应堆积发酵处理。

（2）选用下列药物治疗。

①每千克体重用伊维菌素 0.3 毫克，1 次皮下注射或拌料喂服。

②每千克体重用阿维菌素 0.3 毫克，1 次皮下注射或拌料喂服。

③每千克体重用左旋咪唑 8 毫克，1 次拌料喂服。

④每千克体重用丙硫苯咪唑 10~20 毫克，1 次拌料喂服。

四、猪弓形体病

猪弓形体病又称猪弓形虫病，是由刚地弓形虫所引起猪的人畜共患病。

（一）临床症状

病猪精神沉郁，结膜发绀，皮肤发红，有的有紫红色斑块；呈稽留热（体温达 40~42 ℃，常发热 5~7 天）；呼吸困难；步态不稳，后躯摇晃；不吃料，喝清水，排粪球，尿黄尿；怀孕母猪可引起流产，产死胎、畸形胎、弱仔，弱仔产下数天内死亡，母猪流产后很快自愈，一般不留后遗症。

（二）防治措施

磺胺制剂效果良好。如甲氧苄氨、磺胺嘧啶钠、磺胺甲氧嗪等，静脉注射或肌内注射，每天 2 次，配合退烧药和维生素 B_1，连用 3 天即可。临床发现，停药后病猪仍有发热症状，这是因为滋养体虽已被包埋，但其产生的毒素仍在刺激猪只发热。只要药物用足够量，因包囊期基本形成，该病已经临床治愈，尽管还在发热，但可以不再用药。

五、猪疥螨病

猪疥螨病是由疥螨寄生在皮肤内而引起的猪最常见的外寄生虫性慢性皮肤病。

（一）临床症状

由于处于持续性的剧痒应激状态，猪生长缓慢，饲料转化率降低，逐渐消瘦。因猪疥螨病是一种慢性消耗性疾病，不会造成大量死亡，所以对其引起的损失往往被忽视，而使大多数猪场蒙受巨大损失。本病通过接触传染，幼猪多发，以皮肤发痒和发炎为特征。病初从眼周、鼻上端、耳根开始，逐渐延至背部、体侧、股内侧或全身，主要表现为剧烈瘙痒、到处摩擦，甚至擦破出血，以致在脸、耳、肩、腹等处脱毛、出血、结痂，皮肤肥厚，形成皱褶和龟裂，即皮肤角质化。有的病猪皮肤出现过敏症状。

（二）防治措施

（1）每年对猪场全场进行至少 2 次体内、体外的彻底驱虫工作，每次驱虫时间必须是连续 5~7 天。

（2）驱虫时既要注重杀灭体内外猪疥螨，更要重视杀灭环境中的疥螨，否则效果不够彻底。

（3）对已经感染猪疥螨病的猪，可以选用药浴、喷洒、涂擦、拌料、注射等方法进行治疗处理。

药浴多选用 20%氰戊菊酯乳油 300 倍液稀释，或 2%双甲脒稀释液，全身药浴或喷洒治疗，连续用药 7~10 天。因为药物无杀灭虫卵作用，所以在第 1 次用药后 7~10 天，用相同的方法进行第 2 次治疗，以消灭孵化出的疥螨。

涂擦适用于个体病猪：先用温水湿敷，除掉痂皮，显露新鲜创面后，涂擦药物。

拌料多用伊维菌素类药物。

皮下注射杀螨制剂，可以选用1%伊维菌素或1%多拉菌素注射液，应严格控制剂量。

六、猪虱病

猪虱病是因猪虱寄生而引起的一种寄生虫病。

（一）临床症状

猪虱多寄生于耳朵周围、体侧、臀部等处，严重时全身均可寄生。成虫叮咬吸血刺激皮肤，引起皮肤发炎，出现小结节，猪经常瘙痒和磨蹭，造成被毛脱落、皮肤损伤。幼龄仔猪感染后，症状比较严重，常因瘙痒不安，影响休息、食欲以至生长发育受阻。

（二）防治措施

（1）保持圈舍卫生、干燥；隔离病猪；用10%~20%生石灰水清洗及消毒圈舍；彻底消毒病猪接触的木栅、墙壁、饲槽及用具。

（2）选用下列药物治疗。

每千克体重用伊维菌素或阿维菌素0.03克，皮下注射。

烟叶1份、水90份，熬成汁涂擦猪体，每日1次。

百部30克，加水500毫升煎煮半小时，取汁涂擦患部。

第三节 常见普通病防治技术

一、猪肢蹄病

猪肢蹄病是指猪四肢和四蹄疾病的总称，又称跛行病，是以姿势、步态和站立不正常为特征的一种疾病。该病已成为现代集约化养猪场淘汰猪的重要原因之一。

（一）临床症状

患猪采食正常，蹄裂，局部疼痛，不愿站立走动，驱赶后起立困难，病蹄不能着地。对躺卧猪的蹄部检查：发现触压猪有疼痛反应，关节肿大或脓肿，蹄面有长短不一的裂痕，少数患猪蹄底面有凸起，类似赘生物。蹄壳开裂或裂缝处有轻微出血，继而创口扩张，出血并受病原菌感染引发炎症，最终被迫淘汰。其他症状轻微，但生长受阻，种猪繁殖率下降，严重者患部肿胀，疼痛，行走时发出尖叫声，体温升高，食欲下降或废绝。

公猪群通常会出现四肢难以承受自身体重，导致无法配种和性欲下降，最后部分猪出现瘫痪、消瘦、卧地不起，因卧地少动可引发肌肉风湿。猪群的淘汰率大幅上升。

（二）防治措施

（1）喂给全价配合饲料，保证能量、蛋白质、矿物质、微量元素、维生素达到饲养要求。精心选育种猪，不要忽视对四肢的选育，选择四肢强化，高矮、粗细适中，站立姿势良好，无肢蹄病的公、母猪作种用；严防近亲交配，使用无亲缘关系的公猪交配，淘汰有遗传缺陷的公、母猪和仔猪，以降低不良基因的频率，特别是纯繁种猪场和人工授精站应采取更加严格的清除措施，不留隐患，提高猪群整体素质。另外，有条件的猪场应保证种猪有一定时间的户外活动，接受阳光照射，有利于维生素 D 的合成。运动是预防猪肢蹄病的主要措施之一。

（2）圈栏结构设计合理，猪舍地面应坚实、平坦、不硬、不滑、干燥、不积水、易于清扫和消毒。损坏后及时维修，地面倾斜度小于 3°。坡度过大，易导致猪步态不稳，影响猪蹄结实度，引起姿势不正、卧蹄等缺陷。猪舍过度潮湿，猪蹄长期泡在水中，蹄壳变软，耐压程度大大降低，加上湿地太滑，蹄部损伤机会加大。

（3）抗炎应用抗生素、磺胺类药物等。在关节肿病例较多时，应在饲料中添加磺胺类药物或阿莫西林预防，同时患部剪毛后消毒，用生理盐水冲洗，再用鱼石脂软膏或氧化锌软膏涂于患部。种猪配种前，用4%~6%硫酸铜湿麻袋或10%福尔马林进行消毒。

（4）流血或已感染伤口涂碘酊，有条件的进行包扎上药如填塞硫酸铜、水杨酸粉、高锰酸钾、磺胺粉。用桐油250克加硫黄100克混合烧开，趁热擦患部。取血竭桐油膏（桐油150克熬至将沸时缓慢加入研细的血竭50克并搅拌，改为文火，待血竭加完搅匀到黏稠状态即成，以常温灌入腐烂空洞部位，灌满后用纱布绷带包扎好，10天后拆除。用药期间不能用水冲洗。

二、猪急性肠梗阻

猪急性肠梗阻是由于各种机械性原因，致使肠内容物后送障碍，临床出现急性腹痛和死亡的疾病。急性发作的主要有肠套叠和肠扭转。

（一）临床症状

肠套叠和肠扭转均会出现突然发病、不食、呕吐、臌气、弓背努责、腹疼呻吟等症状，但肠扭转不见或少见干硬粪便排出，而肠套叠则见排出带血稀便。猪的腹痛以在栏角边伏卧为主。

（二）防治措施

（1）该病主要靠加强管理来预防，天气突变时要注意保温，防止温差过大；猪舍周围要注意安静，避免突发的极强音响；改换饲料要有过渡期，以防发生应激等。

（2）该病药物治疗无效，确诊后应立即手术。由于发病突然，5小时左右即可死亡，加之诊断较困难，所以往往不能及时正确地给以治疗。

三、猪多发性皮炎

猪多发性皮炎是猪只皮肤表面出现的一种炎症。

（一）临床症状

多发性皮炎临床表现多样：有的光滑无毛，有的全身结痂，有的掉毛脱皮，有的全身起水疱，有的感染成脓疱等。这些都对猪的饲养、营养、生长和休息造成很大影响。

（二）防治措施

在分清发病原因的基础上，采取有针对性的预防和治疗措施。

（1）真菌主要感染哺乳仔猪，和分娩圈舍有很大关系，因此圈舍消毒至关重要。对已经感染的仔猪，可以用温消毒水泡澡，对耳朵、眼周和脸部泡不到的部位，可以用纱布浸泡于温消毒水中，然后湿敷局部，泡敷完后擦干猪体，再涂以克霉唑软膏。

（2）对疥螨和痒螨引发的皮炎，除局部处理外，要应用驱虫剂。

（3）对坏死杆菌引发的皮炎除局部处理外，要应用抗菌药物治疗。

（4）对病毒引发的皮炎，如慢性猪瘟、圆环病毒病等，按相应疾病予以治疗。

（5）对光过敏猪要避免强光照射，已经发病猪不要再次见光，皮肤皲裂的局部涂以药物软膏即可。

四、仔猪缺铁性贫血

仔猪缺铁性贫血又称仔猪营养性贫血，是指 15 日龄至 1 月龄哺乳仔猪由于缺铁所发生的一种营养性贫血性疾病。

（一）临床症状

本病发展缓慢，当缺铁到一定程度时出现贫血，有缺氧和含铁酶及铁依赖酶活性降低的表现。仔猪出生8~9天出现贫血现象，血红蛋白降低，皮肤及可视黏膜苍白，被毛粗乱，食欲减退，昏睡，呼吸频率加快，吮乳能力下降，轻度腹泻，精神不振，影响生长发育，并对某些传染病（大肠杆菌、链球菌感染等）的抵抗力降低，容易继发白痢、肺炎或贫血性心脏病而死亡。

（二）防治措施

（1）预防本病，应加强妊娠母猪的饲养管理，给予富含蛋白质、矿物质、无机盐和维生素的饲料。一般饲料中铁的含量较为丰富，应尽早训练仔猪采食。1周龄时即可开始给仔猪补料，补喂铁铜含量较高的全价颗粒饲料，或在补料槽中放置骨粉、食盐、木炭粉、红土，任其自由采食。

（2）目前，给仔猪补铁最有效、直接的方法是采用喂服铁剂和肌内注射铁剂。在产后第5天开始，间隔数天，共2~3次向母猪乳房周围涂抹含硫酸亚铁、硫酸铜的淀粉或配制的糊剂，让仔猪通过哺乳吸食。

五、乳腺炎

乳腺炎是指母猪一个或几个乳腺因物理、化学、微生物等因素引发的急性或慢性炎症。

（一）临床症状

乳腺炎在饲养管理条件不好的猪场时有发生，临床上分为急性乳腺炎和慢性乳腺炎。

（1）急性乳腺炎。病猪有食欲减退、精神不振、体温升高等全身症状；患病乳腺局部有不同程度的红、肿、热、痛反应，泌乳减少或停止；乳汁有的稀薄，有的含乳凝块或絮状物，有的混有血液或脓汁；乳腺上淋巴结肿大。

（2）慢性乳腺炎。患病乳腺组织弹性降低；有的由于结缔组织增生而像砖块一样，致使泌乳能力完全丧失。

（二）防治措施

（1）急性乳腺炎要全身应用有效抗生素，肌内注射，连用3~5天；患病乳腺应及时进行药物冷敷，以缓解炎性渗出和疼痛；局部封闭疗法效果好。

（2）慢性乳腺炎治疗意义不大，特别是增生性的无治疗价值。

（3）要加强分娩舍的卫生管理，保持猪舍清洁，定期消毒；母猪分娩时，尽可能使其侧卧，防止乳头污染；防止哺乳仔猪咬伤乳头。

六、子宫内膜炎

子宫内膜炎是由于分娩时产道损伤而引起的感染，是母猪常见的一种生殖器官的疾病。

（一）临床症状

子宫内膜炎发生后，常表现发情紊乱或屡配不孕，有时即使妊娠也易发生流产。本病一般为散发，有时呈地方流行性，常分为以下3种类型。

1. 急性型子宫内膜炎

急性型子宫内膜炎多发于产后及流产后，全身症状明显，母猪时常努责，体温升高，精神不振，食欲减退或废绝。母猪刚卧下时，阴道内流出白色黏液或带臭味、污秽不洁、红褐色黏液或脓性分泌物，黏于尾根部，腥臭难闻，病母猪不愿给仔猪哺乳。

2. 慢性型子宫内膜炎

慢性型子宫内膜炎多数是由急性型子宫膜炎转化而来，全身症状不明显。病猪可能周期性地从阴道内排出少量混浊液体，推迟发情或发情紊乱，屡配不孕，严重者继发子宫积脓。

3. 隐性型子宫内膜炎

隐性型子宫内膜炎是指子宫形态上无明显异常，发情也基本正常，发情时可见从阴道内排出的分泌物较多、不清亮透明、略带浑浊，配种受胎率偏低。

（二）防治措施

（1）产后急性型子宫内膜炎：用0.05%苯扎溴铵或0.1%高锰酸钾溶液充分冲洗子宫，务必将子宫残留的炎性分泌物及液体全部排出，直至导出的洗液透明为止；再向子宫内注入抗生素；同时全身应用抗生素类药物。

（2）慢性型子宫内膜炎：可用抗生素反复冲洗子宫，洗后用抗生素+鱼肝油+垂体后叶素注入子宫内；灌服有关中药。

（3）预防：保持猪舍清洁干燥，人工授精及助产要按规范操作。

七、母猪产后瘫痪

母猪产后瘫痪又称产后麻痹或风瘫，是分娩前后突然发生的一种严重的急性神经障碍性疾病。

（一）临床症状

本病临床特征是知觉丧失和四肢瘫痪。病轻者起立困难，四肢无力，精神委顿，食欲减少。重症者瘫痪，精神沉郁，常呈昏睡状态，反射减弱或消失，食欲显著减退或废绝，粪便干硬量少，泌乳量降低或无乳。母猪常呈伏卧姿势，不让仔猪吃奶。

（二）防治措施

（1）给予怀孕母猪全价配合饲料，加强饲养管理。饲料中增加钙、磷及维生素 D 的供给，日粮中钙含量为 0.8%~0.9%，磷含量为 0.6%~0.8%，可起预防作用。此外，应给母猪补充青绿饲料。当粪便干燥时，应给猪喂硫酸钠 30~50 克或温肥皂水灌肠，清出直肠内积粪。必要时投服大黄苏打片 30 片，复方维生素 B_1 10 片。

（2）治疗时，应补钙、强心、补液、维持酸碱平衡和电解质平衡。静脉注射 10% 葡萄糖酸钙 100~150 毫升或氯化钙注射液 20~50 毫升，1 天 1 次，连用 3~7 天。使用氯化钙注射液时，应避免漏至皮下。对钙疗法无反应或反应不明显（包括复发）的病例，除诊断错误或有其他并发症之外，应考虑是母猪缺磷性瘫痪，宜静脉注射 15%~20% 磷酸二氢钠溶液 100~150 毫升，或者钙剂交换使用。但应注意，使用钙剂的量过大或注射速度过快，可使心率增快和节律不齐。

第七章 猪病预防措施

第一节　制定卫生防疫制度

为了搞好猪场的卫生防疫工作，确保养猪生产的顺利进行，向用户提供优质健康的种猪或商品猪，必须贯彻"预防为主，防治结合，防重于治"的原则，杜绝疫病的发生。猪场应当制定猪场卫生防疫制度，以提请全场员工及外来人员严格执行。有时需要把各项制度上墙公示，便于员工记忆和提醒人们注意。

一、猪场生产管理制度

（一）猪场分生产区和非生产区

生产区包括养猪生产线、出猪台、解剖室、流水线走廊、污水处理区等。非生产区包括办公室、食堂、宿舍等。

（二）非生产区管理制度

非生产区工作人员及车辆严禁进入生产区，确有需要者必须经场长或主管兽医批准并经严格消毒后，在场内人员陪同下方可进入，且只可在指定范围内活动。

（三）生活区防疫制度

（1）生活区大门应设消毒门岗，全场员工及外来人员入场时，均应通过消毒门岗，消毒池每周更换 2 次消毒液。

（2）每月初对生活区及其环境进行 1 次大清洁、消毒、灭鼠、灭蚊蝇。

（3）任何人不得从场外购买猪、牛、羊及其加工制品入场，场内职工及其家属不得在场内饲养禽畜（如猫、狗）。

（4）饲养员要在场内宿舍居住，不得随便外出；场内技术人员不得到场外出诊；不得去屠宰场、其他猪场或屠宰户、养猪场（户）逗留。

（5）员工休假回场或新招员工要在生活区隔离2天后方可进入生产区工作。

（6）搞好场内卫生及环境绿化工作。

（四）车辆卫生防疫制度

（1）运输饲料的车辆进入生产区要彻底消毒。

（2）运猪车辆出入生产区、隔离舍、出猪台要彻底消毒。

（3）上述车辆司机不许离开驾驶室与场内人员接触，随车装卸工要同生产区人员一样更衣、换鞋、消毒。

（五）购销猪防疫制度

（1）从外地购入种猪，须经过检疫，并在场内隔离舍饲养观察40天，确认无病健康猪，经冲洗干净并彻底消毒后方可进入生产线。

（2）出售猪只时，须经兽医临床检查无病的方可出场。出售猪只只能单向流动，如质量不合格退回时，要作淘汰处理，不得返回生产线。

（3）生产线工作人员出入隔离舍、售猪室、出猪台时要严格更衣、换鞋、消毒，不得与外人接触。

（六）生产线员工操作规程

（1）必须经更衣室更衣、换鞋，脚踏消毒池、手浸消毒盆后方可进入生产线。消毒池每周更换2次消毒液，更衣室紫外线灯保持全天候打开状态。

（2）生产线内工作人员，不准留长指甲，男性员工不准留长发，不得带私人物品入内。

（3）生产线每栋猪舍门口，分娩舍各单元门口设消毒池或消毒盆，并定期更换消毒液，保持有效浓度。

（4）制定完善的猪舍、猪体消毒制度。

（5）杜绝使用发霉变质饲料。

（6）对常见病做好药物预防工作。

（7）做好员工的卫生防疫培训工作。

二、猪场隔离制度

（1）商品猪实行全进全出或实行分单元全进全出饲养管理，每批猪出栏后，圈舍应空置2周以上，并进行彻底清洗、消毒，杀灭病原，防止连续感染和交叉感染。

（2）谢绝无关人员进入生产区。本场工作人员或车辆，确因工作需要进入的应进行严格的消毒。

（3）饲养人员不得随意串舍，不得相互使用其他圈舍的用具及设备。

（4）生产区内禁养其他动物。严禁携带与养猪有关的动物、动物产品进入生产区，严禁从与生猪有关的疫区购买种猪和草料。

（5）坚持自繁自养，必须引进时应从非疫区、取得《动物防疫条件合格证》的种猪场或繁育场引进经检疫合格的种猪。种猪引进后应在隔离舍隔离观察6~8周以上，健康者方可进入健康舍饲养。

（6）患病猪应及时送隔离舍，进行隔离诊治或处理。

（7）严禁场内兽医人员在场外兼职，严禁场外兽医进入生产区诊治疾病，确因需要必须从场外请进的兽医，进入生产区前应更换服装鞋帽，进行严格消毒后，方可进入生产区。

三、猪场消毒制度

（1）根据生产实际，制订消毒计划和程序，确定消毒用的药物及其使用浓度、方法，明确消毒工作的管理者和执行人，落实消毒工作责任。

（2）做好日常消毒。定期对圈舍、道路、环境进行消毒；定期向消毒池内投放消毒剂，保持有效浓度，做好临产前分娩舍、分娩栏及临产猪的消毒，同时要严格进行诊疗器械的消毒工作。

（3）加强感染猪所在圈舍的强化消毒，包括对发病或死亡猪的消毒，在出现个别猪发生一般性疫病或突然死亡时，应立即对此处理。

（4）加强终末消毒。全进全出制生产方式，在猪出栏后，应对全场或空舍的单元、饲养用具等进行全方位的彻底清洗和消毒。在周围地区发生国家规定的一类、二类疫病流行初期，或在本场发生国家规定的一类、二类疫病流行平息后，解除封锁前均应对全场进行彻底清洗和消毒。

（5）严格消毒程序。一般应按下列程序进行：清扫、高压水冲洗、喷洒消毒剂、清洗、熏蒸消毒（或干燥消毒、火焰消毒）、喷洒消毒剂、转入猪。

（6）加强环境卫生整洁，消灭老鼠，割除杂草，填干水坑，防蚊、防蝇，消灭疫病传播媒介。

四、猪场免疫及药物预防制度

（1）应根据当地动物疫病流行病学情况、对生产的危害、可用疫苗的性能及来源等，制订切合农户实际的免疫程序，并严格按程序实施免疫预防，建立免疫档案。免疫程序应包括预防接种疫苗的种类，预防接种的次数、剂量、间隔的时间等。

（2）对规定的强制免疫的病种，应在当地动物防疫监督机构的监督指导下，按规定的免疫程序进行免疫，做好免疫记录。

（3）体弱、有病、没到免疫年龄的猪，补栏后及时进行免疫补针，建立档案，有时需佩戴免疫耳标，疫苗注射后个别猪有严重过敏反应，应备有肾上腺素等紧急脱敏药物。

（4）严格免疫操作规程。冻干苗应在低温冷冻条件下保存，严禁反复冷冻使用，油剂或水剂严防冻结，应在 4~8 ℃条件下保存。冻干苗按要求的方法进行稀释，稀释后的疫苗应按规定的方法保存和在规定时间内使用；保证疫苗注射剂量；注射器械和注射部位严格消毒，保证一畜一个针头，防止交叉感染。

（5）根据当地寄生虫病、细菌性疾病的发生和危害情况，选择最佳驱虫药物，定期对生猪群进行驱虫。使用抗菌药物在生猪可能发病的年龄、疫病可能流行的季节对相关猪群进行群体投药预防，防止发病。

（6）使用的药物应有国家批准文号且在有效期内，疫苗还应是在冷冻或冷藏的条件下保存的产品。

五、猪场检疫与疫病监测处置制度

（1）严格执行调入、调出检疫制度。调入猪必须经过调出地动物防疫监督机构检疫合格，调入后应严格执行隔离制度，调出猪应及时向当地动物防疫监督机构报检，检疫合格者方可调出。严禁随意调入、调出未经检疫的生猪及其产品。

（2）兽医人员应定期对生猪群进行系统检查，观察生猪群健康状况，做好检查记录。如有疫病发生，进一步调查原因，作出初步判断，提出相应预防措施，防止疫病扩散蔓延，并按规定将疫情情况报告当地动物防疫监督机构。严禁迟报、瞒报动物疫情。不允许本厂兽医到外出诊，更不许在其他猪场兼职。猪场不得从外聘请兼职兽医。

（3）定期对猪群主要传染性疾病进行抗体水平监测，评价免疫质量，指导免疫程序制订，及时发现猪群中隐性感染者，自觉接受当地动物防疫监督机构依法开展的监测工作。

（4）当发现疑似传染病时，应及时隔离病猪，并立即向当地动物防疫监督机构报告。

（5）确诊为一般动物疫病时，应在当地动物防疫监督机构指导下，采取隔离、治疗、免疫预防、消毒、无害化处理等综合防治措施，及时控制和扑灭疫情。

（6）确诊为重大动物疫病的，应配合当地政府按国家有关规定，采取强制措施，迅速控制，扑灭疫情。

第二节　做好日常消毒

消毒的目的在于消灭被传染源散播于外界环境中的病原体，以切断传播途径，阻止疫病的继续蔓延。良好的消毒工作可以起到降低疫病的发生率、提高猪只生产性能水平和生产效率以及提高经济效益的效果。

一、消毒时间

猪场消毒分为预防消毒、紧急消毒和终末消毒。

（一）预防消毒

为了预防各种传染病的发生，对猪场环境、猪的圈舍、设备、用具、饮水等所进行的常规性、长期性、定期或不定期的消毒工作；或对健康的动物群体或隐性感染的群体，在没有被发现有某种传染病或其他疫病的病原体感染情况下，对可能受到某些病原体或其他有害病原体污染的环境、物品进行严格的消毒，称为预防消毒。预防消毒是猪场的常规性工作之一，是预防猪的各种传染病的重要措施。另外，猪场的附属部门，如兽医站，门卫室，提供饮水、饲料、运输车等部门的消毒均为预防消毒。

1. 经常性消毒

经常性消毒指在未发生传染病的条件下，为了预防传染病的发生，消灭可能存在的病原体，根据日常管理的需要进行的消毒工作。消毒的主要对象是接触面广、流动性大、易受病原体污染的器物、设施和出入猪场的人员、车辆等。在场舍入口处设消毒池和紫外线杀菌灯，是最简单易行的经常性消毒方法，人员或猪群出入时，踏过消毒池内的消毒剂以杀死病原体。消毒池须由兽医管理，定期清除污物，更换新配制的消毒剂。另外，进场时人员经过淋浴并且更换场内经紫外线消毒后的衣帽，再进入生产区，也是一种行之有效的预防措施，即使对要求极严格的种猪场，淋浴也是预防传染病发生的有效方法。

2. 定期消毒

定期消毒指在未发生传染病时，为了预防传染病的发生，对于有可能存在病原体的场所或设施如圈舍、栏圈、设备用具等进行的固定时间的消毒工作。当猪群出售，猪舍空出后，必须对猪舍及设备、设施进行全面清洗和消毒，以彻底消灭微生物，使环境保持清洁卫生。

（二）紧急消毒

紧急消毒指在疫情暴发和流行过程中，对猪场、圈舍、排泄物、分泌物及污染的场所及用具等及时进行的消毒。其目的是在最短的时间内，隔离消灭传染源散播在外界环境中的病原体，切断传播途径，防止传染病的扩散蔓延，把传染病控制在最小区域范围内。

（三）终末消毒

终末消毒指猪场发生传染病以后，待全部病猪处理完毕，即当猪群痊愈或最后一只病猪死亡后，经过 2 周再没有新的病例发生，在疫区解除封锁之前，为了消灭疫区内可能残留的病原体所进行的全面彻底的消毒。即对被发病猪所污染的圈舍、物品、工具及周围空气等整个被传染源所污染的外环境及其分泌物或排泄物所进行全面彻底的消毒。

二、消毒方法

在猪场消毒的过程中，采用的消毒方法分为物理消毒法、化学消毒法和生物消毒法。

（一）物理消毒法

物理消毒法是指应用物理因素杀灭或消除病原体的方法。猪场物理消毒法主要包括机械性消毒（清扫、擦抹、刷除、高压水枪冲洗、通风换气等）、紫外线消毒、高温消毒（干热、湿热、蒸煮、煮沸、火焰焚烧等），这些方法是较常用的简便经济的消毒方法，多用于猪场的场地、猪舍设备、各种用具的消毒。

（二）化学消毒法

化学消毒法是利用化学药物杀灭病原体的方法，是生产中最常用的消毒方法，主要应用于猪场内外环境、猪舍、饲槽，各种物品用具表面、饮水的消毒等。因病原体的形态、生长、繁殖、致病力、抗原性等的不同，各种化学药物对病原体的影响也不相同。即使是同一种化学药物，其浓度、温度、作用时间的长短及作用对象等的不同，也表现出不同的抑菌和灭菌的效果。生产中，根据不同的消毒对象，选用不同的化学药物，进行清洗、浸泡、喷洒、熏蒸，以杀灭病原体。

1. 消毒剂

用于杀灭或清除病原体或其他有害病原体的化学药物称为消毒剂，包括杀灭无生命物体上的病原体和生命体皮肤、黏膜、浅表体腔病原体的化学药品。

（1）消毒剂作用机理。使病原体蛋白变性、发生沉淀，如酚类、醇类、醛类等，此类药物仅适用于环境消毒；干扰病原体的重要酶系统，影响菌体代谢，如重金属盐类、氧化剂和卤素类消毒剂；增加菌体细胞膜的通透性，如目前广泛使用的双链季铵盐类消毒剂。

（2）消毒剂类型及特性。按用途分为环境消毒剂和带畜（禽）体表消毒剂；按杀菌能力分为灭菌剂、高效消毒剂、中效消毒剂、低效消毒剂。

在化学消毒剂长期应用的实践中，单方消毒剂已不能满足各行各业消毒的需要。近年来，国内外相继有数百种新型复方消毒剂，提高了消毒剂的质量、应用范围和使用效果。复方消毒剂配伍类型主要有两大类：一类是消毒剂与消毒剂，两种或两种以上消毒剂复配，例如，季铵盐类与碘的复配、戊二醛与过氧化氢的复配，其杀菌效果达到协同和增效，即1+1>2；另一类是消毒剂与辅助剂，消毒剂加入适当的稳定剂、缓冲剂或增效剂，可以改善消毒剂的综合性能，如稳定性、腐蚀性、杀菌效果等，即1+0>1。

2. 化学消毒的方法

常用的化学消毒的方法有清洗消毒法、浸泡消毒法、喷洒消毒法、熏蒸消毒法和气雾消毒法。

（1）清洗消毒法。用一定浓度的消毒剂对消毒对象进行擦拭或清洗，以达到消毒目的。常用于对猪舍地面、墙壁、器具进行消毒。

（2）浸泡消毒法。如接种或打针时，对注射局部用酒精棉球、碘酒擦拭；对一些器械、用具、衣物等的浸泡。一般应洗涤干净后再进行浸泡，药液要浸过物体，浸泡时间应长些，水温应高些。猪舍入口消毒池内，可用浸泡药物的草垫或草袋对人员的靴鞋消毒。

（3）喷洒消毒法。喷洒地面、墙壁、舍内固定设备等，可用细眼喷壶；对舍内空间消毒，则用喷雾器。喷洒要全面，药液要喷到物体的各个部位。一般喷洒地面，药液量 2 升/米²；喷墙壁、天棚，药液量为 1 升/米²。

（4）熏蒸消毒法。这种方法适用于密闭的猪舍和饲料厂库等其他建筑物，简便、省事，对房屋结构无损，消毒全面，常用的药物有福尔马林、过氧乙酸溶液。为加速蒸发，常利用高锰酸钾的氧化作用。熏蒸时，猪舍及设备必须清洗干净，猪舍要密封，不能漏气。物理状态影响消毒剂的渗透，只有溶液才能进入病原体体内，发挥应有的消毒作用，而固体和气体则不能进入病原体细胞中，因此，固体消毒剂必须溶于水中，气体消毒剂必须溶于病原体周围的液层中，才能发挥作用。所以，使用熏蒸消毒法时，增加湿度有利于消毒效果的提高。

（5）气雾消毒法。气雾是消毒剂倒进气雾发生器后喷射出的雾状微粒，是消灭气携病原体的理想办法，常用于猪舍的空气消毒和带猪消毒等。

（三）生物消毒法

生物消毒法是利用自然界中广泛存在的微生物在氧化分解污物（垫草、粪便等）中的有机物时所产生的大量热能来杀死病原体。在猪场中最常用的是粪便和垃圾的堆积发酵，它是利用嗜热细菌繁殖产生的热量杀灭病原体的。

三、不同消毒对象的消毒

（一）人员消毒

工作人员进入生产区净道或猪舍前要经过淋浴更衣、消毒池、紫外线消毒等。猪场一般谢绝参观，严格控制外来人员随意进入。

（二）环境消毒

猪舍周围环境每 2~3 周用 2% 氢氧化钠溶液消毒或撒生石灰1 次，猪场周围及场内污水池、排粪坑、下水道出口，每月用漂白粉消毒 1 次。在猪场门口设消毒池，使用 2% 氢氧化钠溶液或5% 来苏尔，注意定期更换消毒剂。每隔 1~2 周，用 2%~3% 氢氧化钠溶液喷洒消毒通道；用 2%~3% 氢氧化钠溶液、3%~5%福尔马林或 0.5% 过氧乙酸喷洒消毒场地。

（三）猪舍消毒

每批猪只调出后要彻底清扫干净猪舍，用高压水枪冲洗，然后进行喷洒消毒法或熏蒸消毒法。消毒顺序：先喷洒地面；然后喷洒墙壁，用清水刷洗饲槽，将消毒药味除去；最后开门窗通风，在进行猪舍消毒时，也应将附近场院以及猪污染的地方和物品同时进行消毒。

（四）带猪消毒

1. 一般性带猪消毒

定期进行带猪消毒，有利于减少环境中的病原体。猪体消毒常用气雾消毒法，即将消毒剂用压缩空气雾化后，喷到猪只体表上，以杀灭和减少体表、猪舍内空气中的病原体。此法既可减少猪体及环境中的病原体，净化环境，又可降低舍内尘埃，夏季还有降温作用。常用的药物有 0.2%～0.3% 过氧乙酸，用药量为 20～40 毫升/米³，也可用 0.2% 次氯酸钠溶液或 0.1% 苯扎溴铵溶液。为了减少对工作人员的刺激，工作人员在消毒时可佩戴口罩。

2. 不同类别猪的保健消毒

妊娠母猪在分娩前 5 天，工作人员最好用热毛巾对其全身皮肤进行清洁，然后用 0.1% 高锰酸钾溶液擦洗全身，在临产前 3 天再消毒 1 次，重点要擦洗外阴和乳头，保证仔猪在出生后和哺乳期间免受病原体的感染。

3. 哺乳期母猪的乳房要定期清洗和消毒

新生仔猪在分娩后，工作人员要用热毛巾对其全身皮肤进行擦洗，保证舍内温度在 25 ℃ 以上，然后用 0.1% 高锰酸钾溶液擦洗全身，再用毛巾擦干。

（五）用具消毒

定期对保温箱、补料槽、饲料车、料箱、针管等进行消毒。一般先将用具冲洗干净，再用 0.1% 苯扎溴铵或 0.2%～0.5% 过氧乙酸溶液消毒，最后在密闭的室内进行熏蒸。

（六）粪便消毒

患传染病和寄生虫病猪的粪便消毒方法有多种，如焚烧法、化学药品法、掩埋法和生物热消毒法等。实践中最常用的是生物热消毒法，此法能使非芽孢病原体污染的粪便变为无害，且不丧失肥料的应用价值。

（七）垫料消毒

对于猪场的垫料，可以通过阳光照射的方法进行消毒。这是一种最经济、最简单的方法，将垫料放在烈日下，暴晒 2～3 小时，能杀灭多种病原体。如果垫料较少，可以直接用紫外线灯照射 1～2 小时，可以杀灭大部分病原体。

第三节 按免疫程序进行预防接种

一、制订免疫程序

以下免疫程序仅供参考。

（一）种公猪免疫程序

（1）每年春、秋季各肌内注射 1 次猪瘟猪肺疫两联苗。

（2）每年春、秋季各肌内注射 1 次猪丹毒疫苗。

（3）每年肌内注射 1 次猪细小病毒疫苗。

（4）每年在右侧胸腔注射 1 次猪气喘病疫苗。

（5）每年 4—5 月注射 1 次乙型脑炎弱毒疫苗。

（6）每年春、秋季各注射 1 次猪口蹄疫 O 型灭活疫苗。

（二）种母猪免疫程序

（1）每年春、秋季各肌内注射 1 次猪瘟猪肺疫两联苗。

（2）每年春、秋季各肌内注射 1 次猪丹毒疫苗。

（3）每年肌内注射 1 次猪细小病毒疫苗。

（4）每年在右侧胸腔注射 1 次猪气喘病疫苗。

（5）每年 4—5 月注射 1 次猪乙型脑炎弱毒疫苗。

（6）每年春、秋季各注射 1 次猪传染性萎缩性鼻炎疫苗。

（7）每年春、秋季各肌内注射 1 次猪口蹄疫 O 型灭活疫苗。

（8）妊娠母猪于产前 40~42 天和产前 15~20 天各注射 1 次仔猪下痢菌苗以预防仔猪黄痢。

（9）妊娠母猪于产前 30 天和产前 15 天各注射 1 次猪红痢菌苗以预防仔猪红痢。

（三）仔猪免疫程序

（1）20 日龄和 70 日龄各肌内注射 1 次猪瘟猪肺疫两联苗或

在初生未吃初乳前立即接种 1 次。

（2）断乳时（30~35 日龄）口服或肌内注射 1 次仔猪副伤寒疫苗。

（3）断乳时（30~35 日龄）和 70 日龄各肌内注射 1 次猪丹毒疫苗。

（4）7~15 日龄在右侧胸腔注射 1 次猪气喘病疫苗。

（5）60 日龄肌内注射 1 次猪口蹄疫 O 型灭活疫苗。

（6）70 日龄肌内注射 1 次猪传染性萎缩性鼻炎疫苗。

（四）后备猪免疫程序

（1）配种前 1 个月肌内注射 1 次猪瘟肺疫两联苗，选作种猪时再接种 1 次。

（2）配种前 1 个月肌内注射 1 次猪细小病毒疫苗。

（3）后备母猪 4~5 月龄和配种前各肌内注射 1 次猪乙型脑炎弱毒疫苗。

（4）60 日龄肌内注射 1 次猪口蹄疫 O 型灭活疫苗，选作种猪时再肌内注射 1 次。

二、免疫时注意事项

（1）在免疫前后禁用大量抗生素或抗病毒药物，以免影响免疫效果。

（2）应根据本地区流行的疫病来选择免疫性疫苗，不可随意选择疫苗注射。

（3）在选择疫苗时注意观察疫苗生产日期、使用剂量、保存方法等，禁止使用过期疫苗。

（4）在注射疫苗时，两个单苗不可同时使用，更不可两个单苗混合使用，以免影响免疫效果。

第四节　定期驱虫

寄生虫病是猪场的隐形杀手。不管是规模化猪场还是中、小型猪场，寄生虫病是无处不在的。猪感染寄生虫后可以引起营养物质吸收的减少，生长速度或生产性能降低，而且某些寄生虫感染可在某些程度上引起免疫抑制，影响猪场的效益。因此，必须实施定期驱虫工作。

一、猪的寄生虫病及危害

寄生虫病可分为体内寄生虫和体外寄生虫两大类。

（一）体内寄生虫

体内寄生虫主要有蛔虫、鞭虫、结节线虫、肾线虫、肺丝虫等，这几种体内寄生虫对猪的危害均较大，成虫与猪争夺营养成分，移行幼虫破坏猪的肠壁、肝和肺的组织结构和生理机能，造成猪日增重减少、抗病力下降、怀孕母猪胎儿发育不良，甚至造成隐性流产、新生仔猪体重小和窝产仔数减少等，对养猪业危害极大。

（二）体外寄生虫

体外寄生虫主要有螨、虱、蜱、蚊、蝇等，其中以螨对猪的危害最大，除干扰猪的正常生活、降低饲料报酬和影响猪的生长速度以及猪的整齐度，还是很多疾病如猪乙型脑炎、猪细小病毒、猪附红细胞体病等的重要传播者，给养猪业造成严重的经济损失。

二、引发寄生虫病的原因

猪场管理粗放、环境卫生不良和饲料污染等易引发猪的寄生虫疾病。

猪场管理粗放，人员、车辆来往频繁，猫、狗、鸡、鸽子、老鼠及野生动物到处流窜，将一些寄生虫直接或间接传播给猪，如猪囊虫病、弓形体病等疾病。

猪舍的环境卫生不良，潮湿、通风不良，易诱发疥疮等皮肤寄生虫病；猪舍内外粪尿不及时清理、消毒，卫生极差，易滋生的虱、蜱、蚊、蝇等叮咬猪体，传染某些细菌和病毒等病原体，从而导致猪发生疾病。

饲料污染使猪抵抗力降低，易引发寄生虫病。

三、驱虫药物及其使用方法

（一）常用的驱虫方法

在养殖过程中，猪只驱虫主要有以下 4 种方法。

1. 不定期驱虫方法

不定期驱虫方法是指将发现猪群感染寄生虫病的时间确定为驱虫时期，针对所发现的寄生虫种类选择驱虫药物进行驱虫。大部分猪场都采用这种驱虫方法，在中、小型养猪场（户）使用较常见。该方法便于操作，但驱虫效果不明显。

2. 一年两次驱虫方法

一年两次驱虫方法是指在每年春季（3—4 月）进行第 1 次驱虫，秋、冬季（10—12 月）进行第 2 次驱虫，每次都对全场所有存栏猪进行全面用药驱虫。该模式在较大规模猪场使用较多，操作简便，易于实施。但是，由于驱虫的时间间隔达半年之久，连生活周期长达 2.5~3 个月的蛔虫，在理论上也能完成 2 个世代的繁殖，容易出现重复感染。

3. 阶段性驱虫方法

阶段性驱虫方法是指在猪的某个特定阶段进行定期用药驱虫。种母猪产前 15 天左右驱虫 1 次、保育仔猪阶段驱虫 1 次；

后备种猪转入种猪舍前 15 天左右驱虫 1 次；种公猪每年驱虫 2~3 次。

4. "四加一"驱虫方法

"四加一"驱虫方法是当前最流行的驱虫方法。即种公猪、种母猪每季度驱虫 1 次（即 1 年 4 次），每次用药拌料连喂 7 天；后备种猪转入种猪舍前驱虫 1 次，用药拌料连喂 7 天；初生仔猪在保育阶段 50~60 日龄驱虫 1 次，用药拌料连喂 7 天；引进猪混群前驱虫 1 次，用药拌料连喂 7 天。这种模式直接针对寄生虫的生活史、在猪场中的感染分布情况及主要散播方式等重要内容，重新构建了猪场驱虫方案。其特点是加强对猪场种猪的驱虫强度，从源头上杜绝了寄生虫的传播，起到了全场逐渐净化的效果，考虑了仔猪对寄生虫最易感染这一情况。在保育阶段后期或进入生长舍时驱虫 1 次，能帮助仔猪安全度过易感期；依据猪场各种常见寄生虫的生活史与发育期所需的时间，种猪每隔 3 个月驱虫 1 次。如果选用药物得当，可对蛔虫、毛首鞭形线虫起到在其成熟前驱杀的作用，从而避免排出虫卵而污染猪舍，减少重复感染的机会。因此，该模式是当前比较理想的猪场驱虫模式。

（二）驱虫药的选择

由于不同种类的寄生虫在猪体内存在交叉感染和混合感染的情况，而且不同药物对不同寄生虫的驱杀效果也不尽相同，因此选择合适的驱虫方法和药物来控制寄生虫非常重要。选择药物要坚持操作方便、高效、低毒、广谱、安全的原则。

目前驱虫药的种类主要有敌百虫、左旋咪唑、伊维菌素、阿维菌素、阿苯达唑、芬苯达唑等。伊维菌素、阿维菌素对驱除疥螨等寄生虫效果较好，而对猪体内移行期的蛔虫幼虫、毛首鞭形线虫效果较差。阿苯达唑、芬苯达唑对线虫、吸虫、鞭虫及其移行期的幼虫、绦虫等均有较强的驱杀作用。猪一般为多种寄生虫混合感染，因此在选择药物时应选用广谱复方药物，才能达到同时驱除体内外各种寄生虫的目的。

（三）驱虫药使用方法

群养猪用药，应先计算好用药量，将驱虫药粉剂（片剂要先研碎）均匀拌入饲料中。驱虫期一般为 6 天，即驱虫药要连续喂6 天。

驱虫宜在晚上进行。为便于驱虫药物的吸收，喂给驱虫药前，猪停喂 1 顿。18：00—20：00 将药物与少量精饲料拌匀，让猪一次吃完。若猪不吃，可在饲料中加入少量盐水或糖精。

（四）驱虫注意事项

（1）要在固定地点圈养饲喂，以便对场地进行清理和消毒。

（2）及时将粪便清除出去，并集中堆积发酵或焚烧、深埋。圈舍要清洗消毒，以防止排出的虫体和虫卵又被猪食入，导致再次感染。

（3）给药后应仔细观察猪对药物的反应。若出现呕吐、腹泻等症状，应立即将猪赶出栏舍，让其自由活动，缓解中毒症状。严重的猪可饮服煮至六成熟的绿豆汤。拉稀的猪，取木炭或锅底灰 50 克，拌入饲料中喂服，连服 2~3 天。

（4）为了防止交叉感染和重复感染，达到彻底驱虫的目的，猪场必须采用全群覆盖驱虫，对猪场里所有的猪只进行全场同步驱虫。所以药物必须满足同时适用于公猪、怀孕母猪、育肥猪及断奶仔猪等各个生长阶段猪的安全需要，并且不会引起流产及中毒。

（5）无论采用哪种驱虫模式，都要求定期进行。不能明显看见猪体有寄生虫感染后才进行驱虫，或者是抱着一劳永逸的想法，认为驱虫一次就可高枕无忧。同时，猪场应做好寄生虫的监测，采用全进全出的饲养方式，搞好猪场的清洁卫生和消毒工作，严禁饲养猫、狗等宠物。

第八章 新型发酵床养猪技术

第一节 发酵床养猪技术概述

一、发酵床养猪技术简介

发酵床养猪技术是新兴的环保养猪技术，又称生态养猪法、自然养猪法、懒汉养猪法。具体来说，发酵床养猪技术就是使用微生物垫料（锯末、木屑、统糠粉、谷壳、棉籽壳粉、棉秆粗粉，花生壳粗粉、小麦秸粗粉、玉米蕊粗粉、玉米秸粗粉等，再加上高科技微生物菌种，国内有多家生产厂家生产不同品牌）来养猪，猪只生活在 60～100 厘米厚（南方薄北方厚）的微生物发酵垫料上，吃喝拉撒都在垫料上面，靠垫料中的微生物发酵作用和垫料本身的吸附作用，把猪只排泄出来的粪、尿进行分解同化和利用，转变为无臭无害的物质和菌体蛋白质，部分可供给猪食用，与此同时，猪生活在厚垫料上，提供了猪只拱料、戏耍、啃料、类似吃泥土等心理上的需要，进一步减少了猪只的各种常规应激，养猪舍占绝对优势的有益微生物菌群形成了一个防御有害微生物的天然屏障，提高了猪的非特异性免疫功能，增强了猪的抗病能力，从而生产出无公害的猪肉产品，并最大限度地保护环境，实现猪粪、尿的零排放，并显著地提高了养猪的经济效益。

二、发酵床养猪技术的原理

发酵床养猪技术的原理是利用发酵床进行微生物发酵（饲料利用饲料发酵剂进行微生物厌氧发酵促进吸收，粪尿利用粪便发酵剂进行微生物耗氧发酵分解处理），就是利用发酵床专用菌种，按一定比例混合秸秆、锯末、稻壳粉和粪便（或泥土）进行微生物发酵繁殖形成一个微生态发酵床，并以此作为猪圈的垫料。再利用生猪的拱翻习性作为机器加工，使猪粪、尿和垫料充分混合，通过发酵床的分解发酵，使猪粪、尿中的有机物质得到充分的分解和转化，微生物以尚未消化的猪粪为食饵，繁殖滋生。随着猪粪、尿的处理，臭味也就没有了。而同时繁殖生长的大量微生物又向生猪提供了无机物营养和菌体蛋白质被猪食用，从而相辅相成将猪舍垫料发酵床演变成微生态饲料加工厂，达到无臭、无味、无害化的目的，是一种无污染、无排放、无臭气的新型环保生态养猪技术，具有成本低、耗料少、操作简便、效益高、无污染等优点。

第二节　发酵床猪舍的建造

猪舍的选址必须严格遵循卫生防疫、环保和建猪场规范要求进行。发酵床猪舍可采用双列式、单列式或者大棚式等多种建造方式。但要求猪舍地势略高些，利于排水；一般要求圈舍呈东西走向，坐北朝南，利于采光，更利于发酵；通风良好，保持舍内干燥、无味、无蚊蝇。

一、双脊双列式发酵床猪舍的建造

（一）猪舍的结构

应有窗，为水泥、砖、钢架结构，前坡为了利于采光应用采光板和彩钢瓦混合铺设，后坡均铺设彩钢瓦，猪舍的顶部安装有排风设施。

(二) 猪舍面积

在一般情况下，发酵床饲养猪面积按每头猪 1.2~1.5 米^2 建造，舍的跨度为 12~16 米，猪舍的长度应依据猪的饲养量而确定，一般情况下舍长应在 30~50 米。

(三) 发酵床垫料池

垫料池为地面式，可用砖砌，池槽内外抹水泥沙灰，垫料池底部平整，为泥土地面或沙土地面。池槽深度为 60~70 厘米，垫料池底部与猪舍外地面持平或略高，垫料池底留一适当的渗液通气口；水泥饲喂台宽度为 1.2~1.3 米，台面倾斜。排水沟坡度为 2°~3°，保证猪饮水时所滴漏的水往栏舍外流入排水沟，以防饮水润湿垫料。地面式垫料池的窗户一般都正对垫料池正中，以方便垫料进出。发酵床贯通猪舍，中间无横硬隔段，仅有猪围栏相隔。

(四) 供料供水

舍内饲槽按照猪饲养头数需求准备；鸭嘴式饮水器安装在排水沟的上方，漏水时通过水沟排出，避免地面潮湿。

二、日光温室式发酵床猪舍建造

日光温室式发酵床猪舍建造的选址，必须严格遵循卫生防疫、环保和建猪场规范要求进行。应远离村庄、工厂、主要交通要道，水源充足，交通便利，供电方便，无污染，地势良好。

(一) 猪舍的结构

日光温室式发酵床猪舍设计为东西走向，坐北朝南，偏西 5°~7°为宜，舍的跨度为 8~10 米，延长为 30~50 米，依据猪饲养量而确定，一般情况下，舍的长度不超过 50 米。舍的结构为砖、水泥、钢架结构，前坡铺设塑料薄膜，利于采光取暖，冬季铺设保温被，夏季加设遮阳网；后坡内层铺设保温板，外层为彩钢瓦。舍的顶部铺设塑料薄膜式排风孔装置，利于舍内空气环境。为冬季防寒保温，可在舍的基础前端加设防寒沟。

（二）猪舍面积

猪舍面积依据猪饲养量而定，一般情况下，设计发酵床养猪面积均按每头猪占用面积为 1.2~1.5 米^2 计算。猪舍的面积应根据实际情况需要进行确定。舍内围栏大小，因猪多少而异，一般情况下，发酵床饲养猪每个围栏在 30~40 米^2，围栏高度为 1~1.2 米。

（三）发酵床垫料池

垫料池可以设计成地面式或半地下式，均可用砖砌，池槽内外抹水泥沙灰，垫料池底部平整，为泥土地面或沙土地面。池槽深度为 60~70 厘米，垫料池底部与猪舍外地面持平或略高，垫料池底留一适当的渗液通气口；水泥饲喂台与走廊为一体，喂台的宽度为 1.2~1.3 米，台面倾斜，排水沟坡度为 2°~3°，保证猪饮水时所滴漏的水流入排水沟，以防饮水润湿垫料。地面式垫料池的窗户一般都正对垫料池正中，以方便垫料进出。发酵床贯通猪舍，中间无横隔段，仅有围栏隔断。

（四）供料供水

依据猪饲养量安装饲槽，供水充足，应用鸭嘴式饮水器，为避免地面潮湿，饮水器安装在排水沟的上方，漏水时进入排水沟。

第三节　发酵床垫料制作

一、发酵床垫料准备

发酵床多数应用锯末垫料，也有少数应用无锯末垫料制作发酵床。

（一）垫料质量要求

（1）采用的锯末、刨花和各种秸秆、秧（壳）、树叶等垫料，要求新鲜、无霉变，避免猪误食造成慢性中毒等疾病。

（2）垫料要求精挑细选、无杂物，特别是垫料中禁止夹有塑料薄膜、碎玻璃片、铁末、铁丝、碎布、绳索等杂物，以免猪在拱掘食物时造成伤害。

（二）全锯末和刨花垫料

完全应用锯末或应用部分刨花混合制作发酵床，优点是耐用；缺点是锯末和刨花制作成本高，特别是阔叶树锯末多数为食用菌原料，价格较高，费用大，不合算。

（三）部分锯末垫料

垫料中按一定的比例加入锯末、秸秆等各种原材料制作养猪发酵床。

（四）无锯末垫料

垫料中无锯末而用各种秸秆（切段）等原料替代，制作养猪发酵床。

二、发酵床制作

养猪发酵床制作方法分湿料法和干料法两种。

（一）湿料法

湿料法将占 30%的垫料与发酵剂混合后不加水的干料铺平发

酵床的底部，将占 50% 的发酵处理垫料铺平在中间，另外，将占 20% 的发酵处理垫料，经过晾晒后保持 30%～35% 的水分后铺平在上面。

1. 发酵方法

湿料法是在发酵池外将垫料的原材料与发酵剂混合后堆放在水泥地面上，喷洒水分达到 55%～60%，垫料堆上覆盖塑料薄膜将其发酵，室外气温在 15～25 ℃时，一般经过 3～5 天发酵，每间隔 1 天翻动 1 次，并将堆的边缘和表面的垫料翻入堆里，最后翻动 1 次彻底发酵 6～12 小时即可，备用。

2. 装料方法

将占 30% 的未发酵处理垫料放入池内底部，再将占 50% 的发酵处理垫料放入池内中间，将占 20% 的发酵处理垫料，经过晾晒后保持 30%～35% 的水分铺平在上面。空床 6～12 小时后进猪。经过猪数日踩实后，猪可正常在发酵床内活动。

3. 湿料法的优点

发酵池底部的干料，经过中间发酵物料的水分下渗后才能激活发酵菌，因此，应用持续时间延长；上面铺设的垫料水分虽少些，但猪的排泄物可随时激活发酵菌而不影响消化分解。发酵床表面上水分少，减少了舍内空间的潮气。

(二) 干料法

干料法是将垫料原料与发酵剂混在一起，搅拌均匀，不添加水，干料入池的一种制作方法。

1. 垫料制作

将发酵垫料粉碎或切段备好，发酵剂与玉米面或细稻糠以 1∶3 的比例混合好，备用。

2. 发酵池

发酵池要求深度以 60 厘米为宜。

3. 装料方法

将干垫料铺平厚 20~30 厘米，上面撒一薄层发酵剂混合物，再铺平一层厚 20~30 厘米的垫料，再撒一薄层发酵剂混合物，以此类推，直至装满池，表层再撒一薄层发酵剂混合物，最后在发酵床表面用喷壶喷洒一薄层水，空床 5~6 小时后进猪饲养。

第四节　发酵床养猪管理

一、发酵床养猪

发酵床制作好后，开始将猪放入，以发酵床饲养肉猪为例予以简要阐述。

（一）猪入床前的准备工作

（1）猪饲养密度与围栏的准备。发酵床饲养肉猪，围栏按每头猪 1.2~1.5 米^2 的面积设计，一般每个围栏为 25~30 米^2，围栏高为 1~1.2 米，每个围栏猪的数量不超过 20 头，如果猪少舍多，每栏猪头数应适量减少以利于猪的活动和管理。

（2）猪入发酵床前 2 天做好猪的驱虫工作。

（3）猪入发酵床前，按猪的体重、体形，将大小均衡、强壮一致、健康的猪分群，准备放入一个围栏内；将体小、体弱的猪单独放入一个围栏饲养。

（4）猪进入发酵床前，做好疫苗防疫工作。

（二）肉猪饲养

（1）育肥前期可按常规饲养方式，自由采食，自由饮水。

（2）肉猪育肥期饲养采用定量、限时方式饲养，每天可以喂八成饱。也可以参照瘦肉型商品猪在不同生长时期的饲喂方法。

二、发酵床的管理

（一）床面垫料管理

猪总在一处排泄时，可将其赶至其他处或指导其多处排泄，并将其成堆的粪便撒开或掩埋；有的猪拱掘垫料大坑时，适当将其摊平。总之，注意观察床面变化，随时处理，利于粪便消化分解。

（二）垫料水分控制

发酵床面过于干燥，猪活动时有粉尘，猪易患呼吸道疾病。此时，应采取喷洒水的方式，减少粉尘，保持表面干爽，其垫料深度 10~20 厘米，保持一定的湿度，激活发酵剂菌体活性，消化和分解粪便，也利于猪拱食习性，保持垫料安全性。垫料如有过湿的地方，可将干湿倒换，利于垫料与粪便发酵和分解；垫料如普遍过于潮湿，发酵床中部和底部的垫料发酵菌被激活，产生热能，再次发酵，垫料应用持续时间短，而失去发酵床应用的意义。一旦出现此情况，立即赶出猪群，翻倒垫料，排出热能混入新料，发酵床重新装料。因此，水分管控非常重要，必须关注。

（三）通风管理

冬季天气寒冷时，发酵床猪舍除了保持舍内适宜温度外，还应适度排风除湿。夏季天气闷热时，窗全部打开，启动风机，强制通风，带走发酵床舍中的水分，进行防暑降温；夏季日光温室发酵床猪舍的温度高、湿度大，必须打开温室前半坡或全部塑料薄膜和棚上方的通风口进行通风，降低湿度，同时温室棚上方铺设遮阳网，进行遮阳降温。总之，要达到生态、舒适的肉猪生长、生产环境。

参考文献

常德雄，2020. 规模猪场猪病高效防控手册［M］. 北京：化学工业出版社.

郭庆宝，2018. 现代生态经济型养猪实用新技术［M］. 北京：中国农业大学出版社.

李文刚，2023. 图说养猪新技术［M］. 北京：中国农业科学技术出版社.

苏成文，2013. 养猪新技术与实例［M］. 北京：电子工业出版社.

王胜利，岁丰军，王春笋，等，2018. 猪病诊治彩色图谱［M］. 北京：中国农业出版社.

吴买生，武深树，2016. 生猪规模化健康养殖彩色图册［M］. 长沙：湖南科学技术出版社.

肖冠华，2015. 养猪高手谈经验［M］. 北京：化学工业出版社.

肖光明，2010. 发酵床养猪新技术［M］. 长沙：湖南科学技术出版社.